重点大学计算机专业系列教材

计算机科学导论（第2版）实验指导

靳从 宋斌 王玲 编著

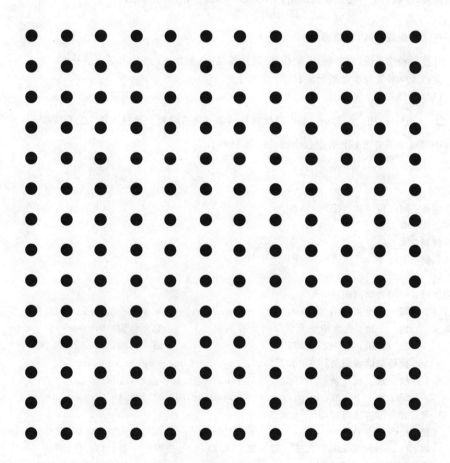

清华大学出版社

北京

内 容 简 介

本书是《计算机科学导论(第 2 版)》的配套实验教材。"计算机科学导论(第 2 版)"是一门专业基础课程,它以计算机学科的组织结构为主线,讲述了计算机学科的基本概念、发展过程、基本功能及作用。本书在内容上与《计算机科学导论(第 2 版)》相互配合但又相对独立,教学重点在于培养与提高学生使用计算机相关软硬件的实践能力。全书共分为计算机系统的安装与使用、工具软件的使用、办公软件的使用、专业软件的使用和综合实训 5 大篇,共计 15 个实验。主要包括计算机软硬件平台的安装和操作系统 Windows 7 的使用、IE 9 浏览器、杀毒软件、压缩软件及网络检索相关软件的使用、常用办公软件 Office 2010 的使用、动画制作软件 Flash 的使用和 Photoshop 图像处理软件的简单使用,最后通过综合实训环节对 Office 2010 常用组件进行综合练习。

本书适合高等学校计算机专业学生使用,也可作为非计算机专业、计算机一般操作人员及计算机爱好者的参考书。

图书在版编目(CIP)数据

计算机科学导论(第 2 版)实验指导/靳从等编著.—北京:清华大学出版社,2013

重点大学计算机专业系列教材

ISBN 978-7-302-33163-6

Ⅰ.①计… Ⅱ.①靳… Ⅲ.①计算机科学—高等学校—教材 Ⅳ.①TP3

中国版本图书馆 CIP 数据核字(2013)第 159631 号

责任编辑:闫红梅 薛 阳
封面设计:常雪影
责任校对:梁 毅
责任印制:刘海龙

出版发行:清华大学出版社
    网 址:http://www.tup.com.cn,http://www.wqbook.com
    地 址:北京清华大学学研大厦 A 座   邮 编:100084
    社 总 机:010-62770175   邮 购:010-62786544
    投稿与读者服务:010-62776969,c-service@tup.tsinghua.edu.cn
    质 量 反 馈:010-62772015,zhiliang@tup.tsinghua.edu.cn
    课 件 下 载:http://www.tup.com.cn,010-62795954
印 装 者:北京市清华园胶印厂
经 销:全国新华书店
开 本:185mm×260mm 印 张:14.25 字 数:356 千字
版 次:2013 年 9 月第 1 版 印 次:2013 年 9 月第 1 次印刷
印 数:1～2000
定 价:25.00 元

产品编号:053845-01

INTRODUCTION

出版说明

　　随着国家信息化步伐的加快和高等教育规模的扩大,社会对计算机专业人才的需求不仅体现在数量的增加上,而且体现在质量要求的提高上,培养具有研究和实践能力的高层次的计算机专业人才已成为许多重点大学计算机专业教育的主要目标。目前,我国共有 16 个国家重点学科、20 个博士点一级学科、28 个博士点二级学科集中在教育部部属重点大学,这些高校在计算机教学和科研方面具有一定优势,并且大多以国际著名大学计算机教育为参照系,具有系统完善的教学课程体系、教学实验体系、教学质量保证体系和人才培养评估体系等综合体系,形成了培养一流人才的教学和科研环境。

　　重点大学计算机学科的教学与科研氛围是培养一流计算机人才的基础,其中专业教材的使用和建设则是这种氛围的重要组成部分,一批具有学科方向特色优势的计算机专业教材作为各重点大学的重点建设项目成果得到肯定。为了展示和发扬各重点大学在计算机专业教育上的优势,特别是专业教材建设上的优势,同时配合各重点大学的计算机学科建设和专业课程教学需要,在教育部相关教学指导委员会专家的建议和各重点大学的大力支持下,清华大学出版社规划并出版本系列教材。本系列教材的建设旨在"汇聚学科精英、引领学科建设、培育专业英才",同时以教材示范各重点大学的优秀教学理念、教学方法、教学手段和教学内容等。

　　本系列教材在规划过程中体现了如下一些基本组织原则和特点。

　　(1) 面向学科发展的前沿,适应当前社会对计算机专业高级人才的培养需求。教材内容以基本理论为基础,反映基本理论和原理的综合应用,重视实践和应用环节。

　　(2) 反映教学需要,促进教学发展。教材要能适应多样化的教学需要,正确把握教学内容和课程体系的改革方向。在选择教材内容和编写体系时注意体现素质教育、创新能力与实践能力的培养,为学生知识、能力、素质协调发展创造条件。

　　(3) 实施精品战略,突出重点,保证质量。规划教材建设的重点依然是专业基础课和专业主干课;特别注意选择并安排了一部分原来基础比较好的优秀教材或讲义修订再版,逐步形成精品教材;提倡并鼓励编写体现重点大学计算机专业教学内容和课程体系改革成果的教材。

(4) 主张一纲多本,合理配套。专业基础课和专业主干课教材要配套,同一门课程可以有多本具有不同内容特点的教材。处理好教材统一性与多样化的关系;基本教材与辅助教材以及教学参考书的关系;文字教材与软件教材的关系,实现教材系列资源配套。

(5) 依靠专家,择优落实。在制订教材规划时要依靠各课程专家在调查研究本课程教材建设现状的基础上提出规划选题。在落实主编人选时,要引入竞争机制,通过申报、评审确定主编。书稿完成后要认真实行审稿程序,确保出书质量。

繁荣教材出版事业,提高教材质量的关键是教师。建立一支高水平的以老带新的教材编写队伍才能保证教材的编写质量,希望有志于教材建设的教师能够加入到我们的编写队伍中来。

教材编委会

前言

自从 20 世纪中叶计算机问世以来,计算机技术得到了空前飞速的发展,并日益广泛、深入地应用于人类社会的各个领域,深刻影响着人类社会的进步与发展。如今,计算机工具化已成为人们的共识,信息技术也愈来愈受到人们的关注,熟练地使用计算机技术处理相关信息,更被视为衡量当代专业技术人员工作能力的一个重要指标。"计算机科学导论(第 2 版)"是一门专业基础课程,是学生学习计算机专业知识的重要入门课,属于必修课,旨在为今后学习计算机学科的后续专业课程奠定良好基础。课程教学不但要求学生掌握计算机的理论知识,而且要求其掌握使用计算机的基本技术,通过实际应用加深对基本概念的理解,掌握综合应用和解决实际问题的技能。所以,计算机实验课程被列为与之配套的组成部分,成为培养学生使用计算机基本技能的重要教学环节。

本书是参照"计算机科学导论(第 2 版)"大纲要求,为计算机专业学生"计算机科学导论(第 2 版)"的实验课程而编写的。在内容上与《计算机科学导论(第 2 版)》相互配合但又相对独立,教学重点在于培养与提高学生使用计算机的实践能力。随着全国中小学信息教育工程的开展,以及计算机社会应用的普及,高等学校计算机基础已不再是"零起点",但是由于地区差异、城乡差异和中小学学校条件的差异,加上计算机技术未被列入高考科目,致使学生入学时,计算机使用水平存在着非常大的差距。为适应这一实际状况,本书从最基本的计算机硬件与软件开始,在介绍计算机基本操作的基础上,着重介绍当前最常用的操作系统 Windows 7、常用办公软件 Office 2010 以及计算机网络和多媒体技术。

本书在教学进度上与《计算机科学导论(第 2 版)》同时进行,但在教学方式上,不进行课堂教学,而是在教师指导下,以学生自学与上机实践为主。为此要求学生在上实验课前,仔细阅读相关内容,认真上机操作。

本书共分为计算机系统的安装与使用、工具软件的使用、办公软件的使用、专业软件的使用和综合实训 5 大篇,共计 15 个实验。第 1 篇为计算机系统的安装与使用,主要介绍了计算机软硬件平台的安装和操作及操作系统 Windows 7 的使用,设置有 3 个相应的实验。第 2 篇为工具软件的使用,主要介绍了 IE 9 浏览器、杀毒软件、压缩软件及网络检索相关软件的使用,设置有 4 个相应的实验。第 3 篇为办公软件的使用,主要介绍了办公软件 Office 2010 的常用组件,包括文字处理软件 Word 2010、电子表格处理软件 Excel 2010、演示文稿制作软件 PowerPoint 2010,设置有 3 个相应的实验。第 4 篇为专业软件的使用,主要介绍了数据库管理软件 Access 2010、动画制作软件 Flash 的使用和 Photoshop 图像处理软件的简单使用,设置有 3 个相应的实验。第 5 篇为综合实训,主要进行 Office 2010 常用组件的综合使用,设置有 2 个实验。

　　本书适合高等学校计算机专业学生使用,也可供非计算机专业、计算机一般操作人员及各类使用计算机的专业人员参考。

　　本书的编写与出版,限于时间与水平,谬误与不当之处在所难免,敬请读者批评指正。

编　者

2013 年 3 月

目录

附　　录

计算机系统的安装与使用　第 1 篇

计算机系统由硬件和软件两大部分组成。

硬件是指物理上存在的各种设备,如显示器、主机、键盘、鼠标、硬盘和打印机等,它是计算机进行工作的物质基础,包含输入设备、存储器、运算器、控制器和输出设备 5 大逻辑部分。软件是指为了使用计算机而编制的各种程序、数据和相关文档资料,包含系统软件和应用软件两大部分。一个完整的计算机系统不仅应该具备齐全的基本硬件结构,还必须配备功能齐全的基本软件系统,二者相辅相成、缺一不可。

学习使用计算机首先需要通过硬件结构的安装来了解硬件的结构,然后以此硬件结构为平台熟悉系统软件和其他应用软件的内容、作用及基本操作方法,由此对计算机的工作原理建立较完整的感性认识。

操作系统是管理软硬件资源、控制程序执行、改善人机界面、合理组织计算机工作流程和为用户使用计算机提供良好运行环境的一种系统软件。主要完成资源的调度和分配、信息的存取和保护、并发活动的协调和控制等各项工作。通常,用户是通过操作系统来使用计算机的,它是连接用户和计算机的桥梁。没有操作系统,一般用户无法直接使用计算机。因此,掌握操作系统的常用操作是使用计算机的基本技能。

这篇分为计算机硬件平台、计算机软件平台和操作系统的基本使用 3 个实验。

计算机硬件平台 实验 1

实验目标

(1) 正确识别计算机硬件组成部件,理解各部件的作用。

(2) 掌握计算机硬件的外部特征以及接插口、连线等专业知识。

(3) 掌握组装计算机硬件的方法及参数设置。

实验内容

组装一台计算机硬件部分并使其能够正常工作,包括以下两步。

(1) 识别并确认计算机硬件,包括相关接插件及连线,按步骤完成计算机硬件系统的组装。

(2) 学习计算机的基本输入输出系统 BIOS 参数设置。

实验操作

1. 实验准备

(1) 认真阅读教材相关章节,掌握计算机系统中硬件部分的逻辑和物理组成。

(2) 查阅配件说明资料,熟悉计算机系统中硬件部分的主要构成部件特征、相关型号及功能特点。

(3) 仔细阅读主板和有关部件的说明书,了解主板上各个接口的作用,熟悉各部件的安装位置,注意防插错设计。

(4) 准备安装场地,注意桌面平整、电源电压稳定、接地线可靠。

(5) 准备所需的装配工具:十字口和平口磁性螺丝刀,剪刀和镊子,多功能电源插座等。

(6) 准备硬件组装所需相关配件。

2. 安装注意事项

(1) 安装前,检查配件外观是否完好,附件是否齐全。

(2) 注意消除身上的静电,用手接触一下金属物体(如水管、机箱等)或佩戴防静电环。

(3) 安装时,对各个部件要轻拿轻放,不要碰撞;对板卡应拿住电路板边缘,不要用手直接触及电路的裸露部分。

(4) 插接板卡时,注意用力均匀。

3. 安装步骤

(1) 中央处理器 CPU 及风扇的安装

① 在主板上找到 CPU 插槽(如图 1-1 所示)。

CPU插槽

图 1-1　Intel 845GLE 主板

② 观察 CPU 插座,注意它的一个角比其他三个角少一个插孔,CPU 本身也是如此,由此可知 CPU 的接脚和插孔的位置是相对应的,这标明了安装方向(如图 1-2 所示)。

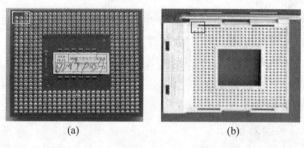

(a) (b)

图 1-2　CPU 及其插座

③ 先将插座旁的把手(即 CPU 插槽边上的一个金属拉杆)轻轻向外侧拨出一点,使把手与把手定位卡脱离,再向上推到垂直 90°;然后将 CPU 的缺角端对准插座的缺角端,将 CPU 放进插座,使每个接脚插到相应的孔里(CPU 在方向正确时才能轻松地被插入插座中),注意要插到底,但不必用力施压,以免损坏 CPU 插针。

④ 压回把手,即将拉杆压回水平位置卡住,卡入把手定位卡,这样 CPU 就被牢牢地固定在主板上(如图 1-3 所示)。

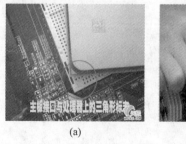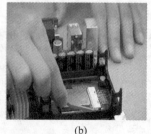

主板接口与处理器上的三角形标志

(a) (b)

图 1-3　CPU 的安装

⑤ 安装 CPU 散热风扇前需要在 CPU 上均匀地涂上一层导热硅脂,保证 CPU 与散热器的良好结合,并有利于处理器的散热。将 CPU 散热风扇安装到 CPU 外圈的托架上,注意方向的正确性,只有方向正确才能够装入,否则无法装到位,然后扣紧散热器上的扣具[如图 1-4(a)所示]。

⑥ 将 CPU 散热风扇的电源插头正确插入主板上的 CPU 风扇插座(一般标有 CPU Fan)各个接头均采用防插错设计,反方向是无法插入的[如图 1-4(b)所示]。至此,CPU、散热风扇就被牢牢地安装到主板上了。

(a)　　　　　　　　　　　(b)

图 1-4　CPU 散热风扇的安装

注意:主板上安装散热器的接口提供了 4 针,而处理器的接口仅为 3 针,4 针的风扇接口是为一些转速较高的风扇设计的,由于 AMD 的发热量不大,散热风扇的转速不太高,所以这里提供的是 3 针接口。这样的接口同样适用于主板上的 4 针插口,安装上同样采用防插错设计。

(2) 内存条的安装

在安装内存条之前,先看主板的说明书,了解主板支持哪些内存,可以安装的内存插槽位置及可安装的最大容量。

内存插槽是主板上用来安装内存的地方,主板所支持的内存种类和容量都由内存插槽决定。通常内存条正反两面都带有"金手指"(即内存的电路板与主板内存插槽的插脚,因其表面镀金且为手指形故名),内存条通过"金手指"与主板连接,为两面提供信号。目前应用于主板上的内存插槽按模块的规格分为 SIMM 和 DIMM 两种。

SIMM 槽是一种两侧"金手指"提供相同信号的内存结构,使用 72 线接口。在内存发展进入 SDRAM 时代后,SIMM 逐渐被 DIMM 取代。72 线内存条底部"金手指"中央的凹部和左侧下部的缺角用于安装时正确对位,两侧中部的小圆孔用于安装就位后的定位。

DIMM 槽是一种两侧"金手指"各自独立传输信号的内存结构,能满足更多数据信号的传送需要,"金手指"上卡口数量的不同,是 SDRAM 与 DIMM 最为明显的区别(如图 1-5 所

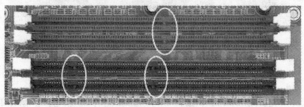

图 1-5　SDRAM 与 DIMM 内存插槽

示)。目前流行的 DIMM 内存有 DDR、DDR2 和 DDR3 内存条 3 种,其相应的内存插槽各有不同。DDR 有 184 个接触点,DDR2 和 DDR3 都有 240 个接触点。虽然 3 种内存插槽长度相同,但它们与内存条接触点的数量和防插错隔板的位置不同(如图 1-6 所示),通常在主板上有标注,有的主板提供多种内存插槽。

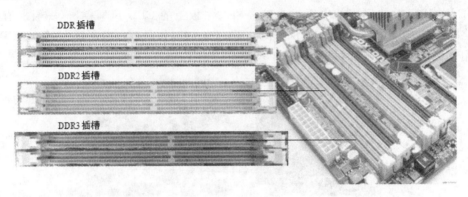

图 1-6 DIMM 槽

内存条安装方法如下。

① 拨开内存插槽两侧的塑胶夹脚(如图 1-7 所示)。

图 1-7 拨开 DIMM 插槽两侧的塑胶夹脚

② 对照内存"金手指"的缺口与插槽上的突起确认内存条的插入方向,将内存条垂直向下压入插槽中,听到内存插槽两侧的弹性卡发出"咔"的声响后,内存条即安装就位。此时内存插槽两侧的塑胶夹脚已向上直立并卡住内存条两侧的缺口(如图 1-8 所示)。

图 1-8 内存条正确安装

(3) 主板的安装

当 CPU 和内存条安装到主板上之后,可以观察到在主板边缘和中间有一些圆孔,这些圆孔和机箱底板上的定位金属螺柱相对应,利用这些定位圆孔即可将主板固定在机箱底板上（如图 1-9 所示）。具体安装步骤如下。

图 1-9　安装主板

① 将主板放入机箱，安放在机箱托板上，前后左右调整主板位置，使主板上的 6 个固定孔对准机箱底部的 6 个金属螺柱。

② 将主板放置在机箱内，将主板上的键盘口、鼠标口和串并口等和机箱后部挡片孔对齐，并使所有螺钉对齐主板的固定孔，依次安装每个螺钉将主板固定在机箱托板上。

注意：一定要保证安装孔对正，才能够轻松旋入固定螺钉，千万不要勉强。如果安装孔偏位时强行旋入螺钉，将使主板产生内应力，时间一长，可能引起印刷板导线断裂等难以查找和修复的隐患。另外，安装孔偏位也可能使托板上的铜螺钉与主板背面线路接触，形成短路或"接地"，造成电路故障，甚至损坏主板。

（4）硬盘和光驱的安装

① 硬盘和光驱的主/从盘设置（跳线）

硬盘在出厂时，一般都将其默认设置为主盘（第一硬盘），跳线连接在 Master 的位置。如果要连接硬盘作为从盘（第二硬盘），就需要将跳线连接到 Slave 位置。一般来说，性能好的硬盘优先选择作为主盘，而将性能较差的硬盘作为从盘。同一 IDE 线上不能同时有两个 Master（主）或 Slave（从）设备，否则将使计算机无法正常工作，因此在安装硬盘前应参照硬盘上的跳线说明正确设置。主从设置最好参照硬盘面板或参考手册上的图例说明进行跳线，设置跳线方法可参考硬盘和光驱等设备表面的示意图。

② 硬盘的安装

将硬盘金属盖面向上，由机箱内部推入硬盘安放插槽，尽量靠前，但又与机箱前面板间保持一定距离。然后左右各用两颗螺钉将它固定在插槽内。如有可能，最好与软驱间隔一个插槽，以利于散热（如图 1-10 所示）。

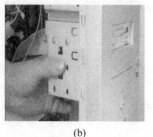

(a)　　　　　　　　　　　(b)

图 1-10　安装硬盘

将主板附带的 80 线 IDE 扁平电缆带红线的一端插入硬盘数据线插槽上标有 1 的一端,另一端插入主板的 IDE 口上也标记有 1(如图 1-11 所示)。注意插入方向可由插头上凸起部分确定。如果开机硬盘不转的话(即听不到硬盘自举的响声),多半插反,将其旋转 180°后插入即可。

图 1-11　IDE 线的连接

③ 光驱的安装

将光驱安装在机箱内最上面的托架上。注意与硬盘直接在机箱内安装不同,光驱要从机箱外插入。插入时,先将机箱前部与光驱对应的塑料挡板取下,使光驱有标签的一面向上,从取掉挡板后的缺口处推入,然后在机箱内部,左右各用两颗螺钉将它固定在插槽内(如图 1-12 所示)。同样将主板附带的 80 线 IDE 扁平电缆带红线的一端插入光驱数据线插槽上标有 1 的一端,另一端插入主板的 IDE 口上也标记有 1(如图 1-11 所示)。

图 1-12　光驱的安装

④ 连接硬盘、光驱的电源线

将电源上提供的各电源线插头按大小不同分别插到硬盘、光驱上(如图 1-13 所示)。

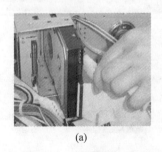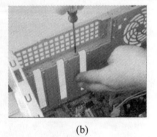

(a)　　　　　　　　　　　　　　(b)

图 1-13　D 型电源线的连接

（5）显卡的安装（若主板集成了显示芯片，则无需再安装显卡）

首先根据接口卡的种类确定接口卡应插到主板的哪个插槽，用螺丝刀将其与插槽相对应的机箱插槽挡板拆掉。使接口卡挡板对准刚卸掉的机箱挡板处，"金手指"接口卡对准主板插槽用力将接口卡插入插槽内（如图 1-14 所示）。插入接口卡时，一定要平均施力，以免损坏主板，以保证接口卡与插槽紧密接触（如图 1-15 所示），并注意插到底，使卡口保险到达闭合位置。

图 1-14　拆除机箱插槽挡板

图 1-15　安装显卡

（6）声卡的安装（若主板集成了音效芯片，则无需再安装声卡）

用双手垂直用力将声卡插入相应的 PCI 插槽（如图 1-16 所示），并将插卡的金属翼片固定在机箱后板的台面上，将光驱的模拟音频线的另一端插入声卡的 CD IN 端。

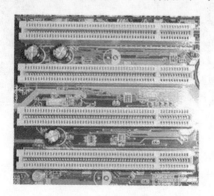

图 1-16　PCI 插槽

（7）网卡的安装

用双手垂直用力将网卡插入相应的 PCI 插槽（如图 1-17 所示），并将插卡的金属翼片固定在机箱后面板的台面上。

图 1-17　网卡插入主板上的 PCI 插槽

（8）机箱至主板的控制线的连接

① 连接主板电源线

当前的主板电源接口是 ATX 电源接口，为双排 20(2×10)孔插座（如图 1-18 所示）。为防止插反，在 20 只插孔中有 10 只插孔作了特殊的设计，ATX 电源的 20 针输出插头也有相应设计，因此反向无法接插。安装时，在 ATX 电源输出插头中找出 20 针插头，将插头上的挂钩一侧对准插座上与挂钩相对应的凸出部位插入即可（如图 1-19 所示）。注意：该插头座有一个卡勾，要拔出插头时，需压下勾柄，使勾端抬起，否则难以拔出。

图 1-18　主板上的 ATX 电源插座

② 连接主板控制线和指示灯线

一般机箱至主板的连接线有如下 5 组，线端有插座，插座上标有英文名称（如图 1-20 所示）。

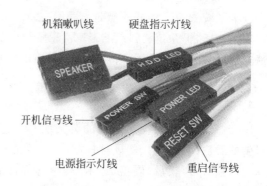

图 1-19　正确连接电源线　　　　　　　　图 1-20　机箱连接线

> SPEAKER(扬声器/蜂鸣器)：2 线，使用 4 线插座，有＋/－极性。
> POWER ON(电源"开")：2 线，使用 2 线插座，无极性。
> RESET(复位)：2 线，使用 2 线插座，无极性。
> POWERLED(电源指示灯)：2 线，使用 3 线插座，有＋/－极性；
> H. D. D. LED(硬盘运行指示灯)：2 线，使用 2 线插座，有＋/－极性。

在主板上，有与之对应的两排插针，分别标有 SPEAKER，POWER ON，RESET，POWERLED，H. D. D. LED，一般在主板靠近机箱底部的位置(如图 1-21 所示)。将机箱上各个连接线的连接插座插入主板相应的插针上，即可完成机箱控制线与主板的连接。有＋/－极性的插座要注意插入方向(一般红线为＋)，如果插反了，指示灯不亮。

以上步骤完成后，主机部分就基本安装完毕。这时候需要再仔细检查一下安装是否牢固，有无漏接的信号线和电源线。

图 1-21　主板连接线插针

(9) 外设的安装

观察主板上背板上的相应接口(如图 1-22 所示)，将外设连接到相应接口。

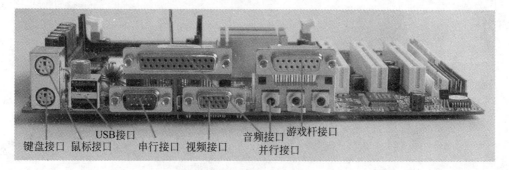

键盘接口　鼠标接口　　USB接口　串行接口　视频接口　音频接口　游戏杆接口　并行接口

图 1-22　主板上的 I/O 接口区

（10）裸机通电测试

基本系统安装完毕并检查连线无误之后，可以对基本系统进行通电测试，连接主机电源。若一切正常，系统将进行自检，屏幕显示出显示卡型号、CPU 型号、内存容量和系统初始情况等。如果开机之后不能正常显示或出现死机，说明基本系统安装有误，应关机断电后进一步仔细检查，直至系统能正常工作，才能进行下一步安装。

4. 进行 BIOS 参数设置

BIOS 是基本输入输出系统的英文缩写。它是固化在计算机内中的一组程序，是计算机提供的最底层、最直接的硬件控制，是联系底层的硬件系统和软件系统的基本桥梁。通过 BIOS 可将 CPU、软盘、硬盘、显卡、内存等部件的信息，存放在一块可读写的 CMOS RAM 芯片中。关机后，由后备电池对 CMOS 供电，以确保其中的信息不会丢失。BIOS 包括 4 个功能，即加电自检及初始化、系统设置、系统引导和基本输入输出系统。

常用的 BIOS 设置程序进入方式如下。

（1）Award BIOS 开机启动时按 Del 键。

（2）AMI BIOS 开机启动时按 Ctrl＋Alt＋Esc 组合键。

进入后，屏幕显示 BIOS 设置界面（一般如图 1-23 所示）。本试验中采用的主板 BIOS 为 Award BIOS，可选择 LOAD BIOS DEFAULTS，按功能键 F10 保存设置并退出。

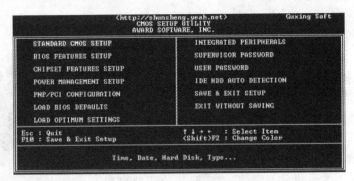

图 1-23　BIOS 设置程序界面

计算机软件平台　实验2

实验目标

(1) 掌握硬盘的分区和常用的格式化方法。

(2) 掌握中文版 Windows 7 操作系统的安装及配置。

(3) 掌握设备驱动程序的安装方法。

实验内容

(1) 完成硬盘的分区和格式化。

(2) 安装中文版 Windows 7 操作系统,并进行系统配置。

(3) 安装相应硬件驱动程序。

实验操作

一台计算机经过硬件组装、BIOS 设置等环节后,已经可以正常启动了,但此时并不能进入熟悉的 Windows 桌面,这是因为计算机此时还是没有安装操作系统的"裸机"。一般要先对硬盘进行分区操作并格式化,再安装操作系统和应用软件。

1. 实验准备

在组装好一台计算机的硬件之后,必须首先对硬盘进行分区和格式化,才能安装软件。

随着硬盘制造技术的不断更新,硬盘的容量越来越大,目前市场上的硬盘容量往往都在 160GB 以上,把这么大的硬盘作为一个分区使用,对计算机性能的发挥是相当不利的,文件管理也会变得相当困难。而硬盘从厂家生产出来后,是没有进行分区激活的,要在硬盘上安装操作系统,必须要有一个被激活的活动分区(通常为 C 盘)才能进行读写操作,为此硬盘一定要进行分区。

硬盘分区的工具有多种,以下介绍较为常用的硬盘分区工具软件 Fdisk。

(1) 硬盘分区前的准备

① 分区规划

在建立分区之前,需要对硬盘的配置进行规划,即该硬盘要分割成多少个分区;每个分区占用多大的容量、每个分区使用的文件系统以及安装的操作系统的类型及数目等。一般认为划分成 3 个以上分区比较利于管理。例如对一个硬盘分割成 C、D、E 三个区,C 用于存储操作系统文件;D 用于存储应用程序、文件等;E 用于备份。对于分区使用何种文件系统,则要根据具体的操作系统而定。

② 分区格式

当前流行的操作系统常用的分区格式有三种,即 FAT16、FAT32、NTFS 格式。NTFS 格式具有较高的安全性及效率,不易产生碎片,是 Windows 7 以上操作系统推荐的分区格式。

(2) 硬盘分区

硬盘分区是指对硬盘的物理存储空间进行逻辑划分,将一个较大容量的硬盘分成一个或几个大小不等的独立逻辑单元,这些逻辑单元就是通常说的 C 盘、D 盘、E 盘等。

(3) 主分区、扩展分区、逻辑分区

按照分区在系统中的地位和作用的不同,可以将分区划分为主分区和扩展分区两种。主分区可以有 1~4 个,扩展分区可以有 0 或 1 个,逻辑分区是在扩展分区中再度分配的独立区域,可以有若干个。

一个硬盘的主分区是包含操作系统启动所必须的文件和数据的硬盘分区,激活后可以用来引导系统。要在硬盘上安装操作系统,该硬盘必须有一个主分区,即 C 盘。扩展分区是除主分区外的部分,可以再划分为若干个逻辑分区,即在操作系统中所看到的 D、E、F 盘等。

通常的分区操作是将一个硬盘分成一个主分区和一个扩展分区,再在扩展分区中分出若干逻辑分区。

(4) 分区格式

① FAT16

这种硬盘分区格式采用 16 位的文件分配表,能支持的最大分区为 2GB,是目前获得操作系统支持最多的一种磁盘分区格式,几乎所有的操作系统都支持它。从 DOS、Windows 3.x、Windows 95、Windows 97 到 Windows 98、Windows NT、Windows 2000、Windows XP 以及 Windows Vista 和 Windows 7 的非系统分区,甚至近年来流行的 Linux 都支持这种分区格式。但应指出,由于 FAT16 分区格式的通用性强,带来的最大缺点就是硬盘的实际利用效率低。

② FAT32

这种格式采用 32 位的文件分配表,使其对磁盘的管理能力大大增强,突破了 FAT16 对每一个分区的容量只有 2GB 的限制,用户可以将一个大硬盘定义成一个分区,而不必分为几个分区使用,大大地方便了对硬盘的管理。而且,FAT32 还具有一个最大的优点,在一个不超过 8GB 的分区中,FAT32 分区格式的每个簇容量都固定为 4KB,与 FAT16 相比,可以大大地减少硬盘空间的浪费、提高硬盘的利用效率。目前,支持这一磁盘分区格式的操作系统有 Windows 97/98/2000/XP/Vista/7。

③ NTFS

NTFS 磁盘格式,早期在 Windows NT 网络操作系统中使用。随着其安全性的提高,在 Windows Vista 和 Windows 7 操作系统中也开始使用,并且在 Windows Vista 和 Windows 7 中只能使用 NTFS 格式作为系统分区格式。其显著的优点是安全性和稳定性极其出色,对硬盘空间的利用及软件的运行速度都有帮助。它能对用户的操作进行记录,通过对用户权限进行非常严格的限制,使每个用户只能按照系统赋予的权限进行操作,充分保护了网络系统与数据的安全。

2. 实验步骤

(1) 硬盘分区

这里利用 Fdisk 命令对硬盘进行分区,使用 FORMT 命令对分区进行格式化操作。具体步骤如下。

① 把启动光盘放进光驱,重新启动计算机。

② 进入 BOIS 设置程序,把第一启动顺序设为 CD-ROM。

③ 保存并退出 BOIS 设置,此时可以利用光盘来启动计算机。

④ 启动计算机后,在 DOS 提示符下,输入"Fdisk"命令,然后按 Enter 键,即可运行该程序并首先被询问是否启用大硬盘的支持,即是否在分区上使用 FAT32 文件系统,默认为使用(如图 2-1 所示)。

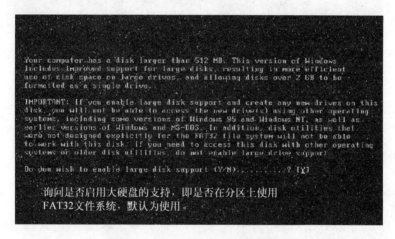

图 2-1　询问是否启用大硬盘的支持

⑤ Fdisk Options 主菜单(如图 2-2 所示)。

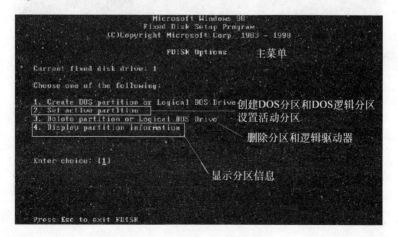

图 2-2　Fdisk Options 主菜单

➤ Create DOS partition or Logical DOS Drive：创建 DOS 分区和 DOS 逻辑分区。

➤ Set active partition：设置活动分区。

➤ Delete partition or Logical DOS Drive：删除分区和逻辑驱动器。

➤ Display partition information：显示分区信息。

如果计算机安装了两块以上的物理硬盘，在 Fdisk 主界面上会有 5 行菜单，如果是对不同的物理硬盘进行建立或删除分区操作时，可在该界面中输入"5"来选择对不同的物理硬盘进行操作。

⑥ 创建 DOS 分区

在 Fdisk Options 中，选择 1，开始创建 DOS 分区（如图 2-3 所示）。然后依次创建主 DOS 分区、扩展分区和逻辑分区。

图 2-3　创建主 DOS 分区、扩展分区和逻辑分区界面

⑦ 设置活动分区

创建主 DOS 分区和 DOS 逻辑分区完成后，返回到分区界面中，输入"2"开始设置活动分区（如图 2-4 所示）。

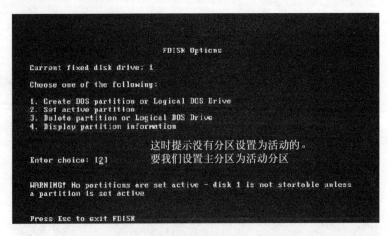

图 2-4　设置主分区为活动分区界面

　　在 DOS 分区里面,只有主 DOS 分区才能被设置为活动分区(如图 2-5 所示),其余的分区则不能。所以输入"1"可激活主 DOS 分区,然后再回到 Fdisk Options 界面中。激活了活动分区后,该盘符中的 Status 项显示有 A,表示该分区是活动分区。

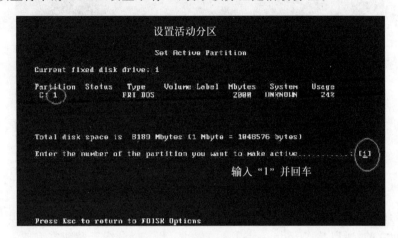

图 2-5　设置活动分区

⑧ 硬盘格式化

　　硬盘分区完成以后,还要对硬盘进行高级格式化,才能安装操作系统和应用程序。其操作步骤如下。

a. 在硬盘分区完成后,再次从光盘启动计算机(如图 2-6 所示)。

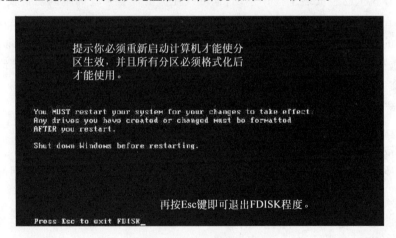

图 2-6　提示重新启动界面

　　b. 在系统出现"A:\"提示符后,输入命令"format C:/s",表示对 C 驱动器进行格式化,参数 s 表示把 C 盘格式化后,将其创建成系统启动盘(如图 2-7 所示),即将系统启动文件添加至 C 盘。在其他分区格式化时就不用加 s 参数了。

　　(2)中文版 Windows 7 的安装

　　中文版 Windows 7 的安装可以通过以下三种方式进行。

　　① 升级安装

　　如果计算机上已安装了 Microsoft 公司其他版本的 Windows 操作系统,可以通过升级

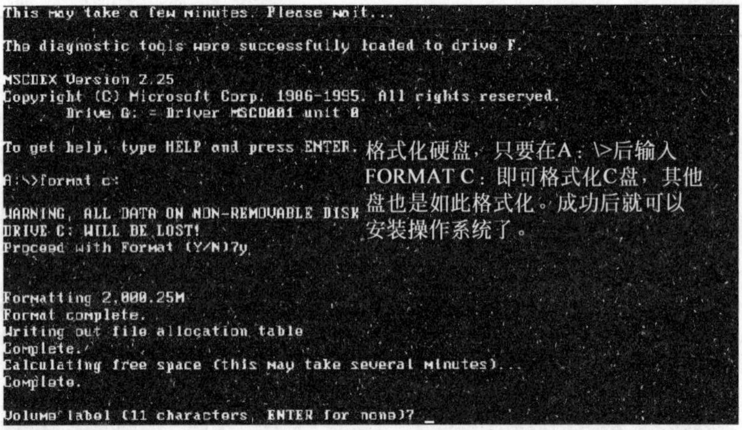

计算机科学导论(第 2 版)实验指导

图 2-7　硬盘格式化界面

安装覆盖原有的系统而升级到 Windows 7 版本。中文版 Windows 7 的核心代码是基于 Windows 2000 的,所以从 Windows NT 4.0/2000 上进行升级安装非常方便。

② 全新安装

如果计算机还未安装操作系统,或者原有的操作系统已被格式化,可以采用这种方式进行安装。

③ 双系统共存安装

如果计算机上已经安装了操作系统,也可以在保留现有系统的基础上安装 Windows 7。新安装的 Windows 7 将被安装在一个独立的分区中,与原有的系统共同存在,不会互相影响。当这样的双操作系统安装完成后,重新启动计算机时,在显示屏上会出现系统选择菜单,供用户选择。这种安装方式仅适合于原有操作系统为非中文版的用户,由于语言版本不同,对于中文版则不能从非中文版直接升级到中文版。

(3) 系统升级的安装步骤

安装程序 Setup.exe 跟随系统安装盘存放。

① 使用光盘安装:直接在安装光盘中找到所需文件。

② 使用硬盘安装:在现有的操作系统中,先将安装光盘上的文件复制到硬盘中,通过"计算机"或"资源管理器"窗口,找到相应的文件。

查找到安装程序后,双击 Setup 图标,打开"安装 Windows"窗口,单击"现在安装"按钮 (如图 2-8 所示),进入下一页。

在"您希望做什么?"选项组中,选择"安装可选的 Windows 组件"选项,对系统组件进行自定义安装,可去掉暂时不需要的选项,减少文件复制数量,缩短安装时间。

选择"现在安装"选项,在窗口左侧显示安装的进程以及安装总共所需要的时间,在右侧的"欢迎使用 Windows 安装程序"对话框中,可以选择执行哪一类型的安装,在"安装类型"下拉列表框中有"升级安装"和"全新安装"两个选项。

① "升级安装"选项将保留已安装的程序、数据文件和现有的计算机设置。

② "全新安装"选项将替换原有的 Windows 或在不同的硬盘或磁盘分区上安装 Windows,它会造成硬盘上原有数据的丢失。

图 2-8　Windows 7 安装界面

　　这里选择"升级安装",单击"下一步"按钮继续;显示"许可条款"对话框,看完此条款后,选择"我接受许可条款"复选框(只有接受此条款,才能继续安装)(如图 2-9 所示),单击"下一步"按钮继续。

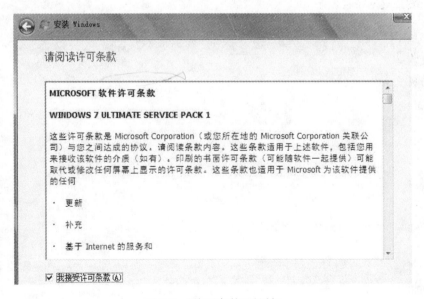

图 2-9　"许可条款"对话框

　　显示"输入您的 Windows 产品密钥"对话框(如图 2-10 所示),此时要求输入所安装的 Windows 产品的密钥,并提示用户,这 25 个字符的产品密钥在 Windows CD 文件背面的黄色不干胶纸上;另外在安装光盘中会有一个名称为 SN 的文件,双击该文件,也可以得到产

计算机科学导论(第 2 版)实验指导

品的密钥,然后单击"下一步"按钮继续。显示"获取安装的重要更新"对话框(如图 2-11 所示),使用动态更新从 Microsoft 的网站上获得更新的安装程序文件,以保证所安装的程序是最新的,此时有以下两个选择。

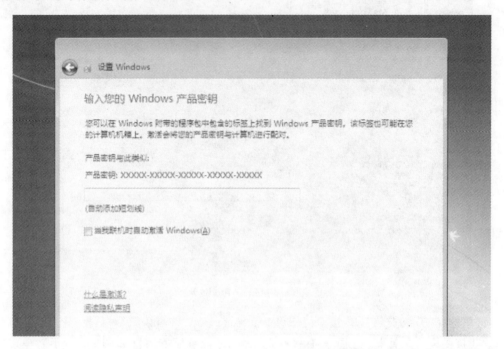

图 2-10 "输入您的 Windows 产品密钥"对话框

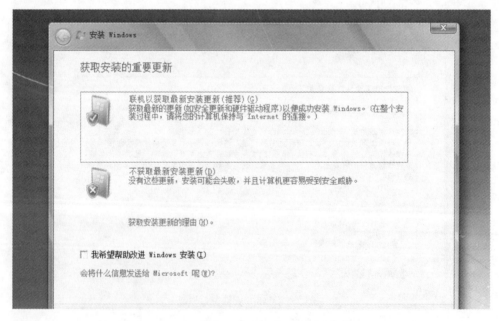

图 2-11 "获取安装的重要更新"对话框

① "联机以获取最新安装更新(推荐)(G)",安装程序使用 Internet 连接检查 Microsoft

的网站;

②"不获取最新安装更新(D)",不检查。选择后进入"正在安装 Windows"界面,系统开始复制安装所需文件(如图 2-12 所示),在"正在复制安装文件"界面中显示了文件复制的进度,在界面的右侧出现中文版 Windows 7 的新增功能的介绍,如果此时要退出安装,可以按 Esc 键,取消安装程序。

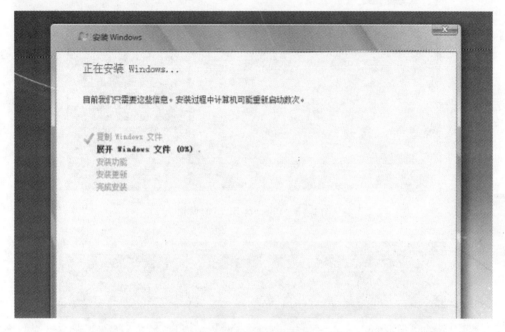

图 2-12　复制安装文件

所有安装所需文件复制完成后,系统将自动重新启动计算机,进入"安装 Windows"界面。这一阶段耗时最长,它将复制和配置各种文件,由于要确保所加载的各种设备的驱动程序生效,在此过程中会陆续自动重新启动计算机,并继续运行安装程序。

完成安装后,系统会自动登录,要求用户输入用户名称,提供多个用户名可选项,为每个用户建立账户,以使用户各自拥有个性化的使用空间。根据提示输入个人信息,用户即可登录到计算机系统,单击所要使用的用户名称前的图标,进入中文版 Windows 7 界面。任务栏上出现"漫游 Windows 7"图标,双击图标就打开了一个多媒体教程,其中详细介绍了中文版 Windows 7 的新增功能。

(4) 全新系统的安装步骤

全新安装要在 DOS 状态下进行,需要使用启动盘进行引导。这里设置为从光盘启动,以 Phoenix BIOS 为例。开机按 F2 键进入 BIOS 设置,在 BOOT 选项下将 CD-ROM 设为第一启动项(如图 2-13 所示),保存设置并重新启动计算机。

将安装光盘放入光驱,当下列光盘启动提示出现时,按下任意键,进入安装程序运行界面(如图 2-14 所示)。

Press any key to boot from CD…

选择语言、时间和输入方法,按 Enter 键确认中文版 Windows 7 的安装,显示中文版

计算机科学导论(第2版)实验指导

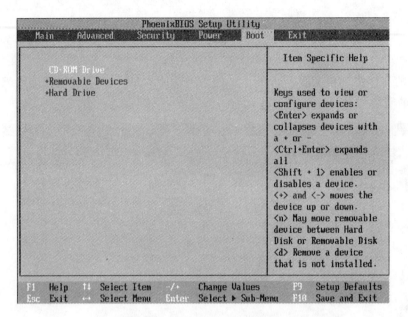

图 2-13 Phoenix BIOS 的设置

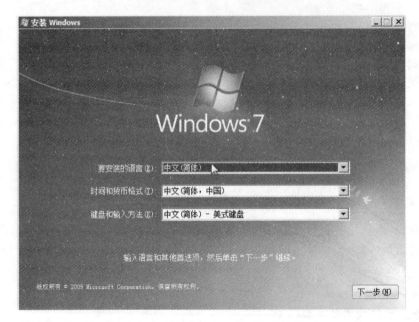

图 2-14 中文版 Windows 7 安装欢迎界面

Windows 7 的许可条款(如图 2-15 所示),选择"我接受许可条款"复选框后,单击"下一步"按钮,进入选择安装分区界面(如图 2-16 所示)。

选择系统将要安装的分区(如图 2-16 所示中硬盘尚未分区)按 Enter 键确认;若所选分区未格式化,进入对所选分区进行格式化界面(如图 2-17 所示)。

NTFS 是一种最适合大磁盘使用的文件系统,当未格式化的分区大于 32GB 时,Windows 7 安装程序只支持 NTFS 文件系统。格式化磁盘后,系统开始自动复制安装中文

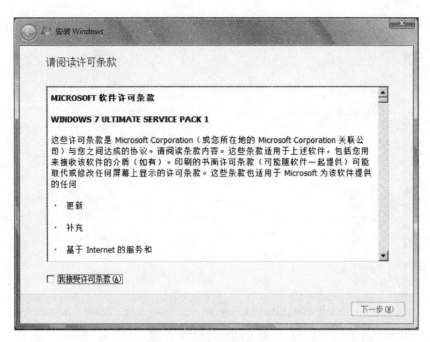

图 2-15　"许可条款"对话框

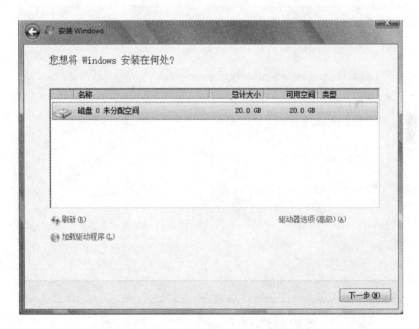

图 2-16　选择中文版 Windows 7 的安装分区

版 Windows 7 所需的文件。接着安装程序初始化 Windows 配置,并自动在 15 秒后重新启动,进入自动安装界面(如图 2-18 所示),并要求用户进行一系列设置,包括区域和语言选项的选择、输入用户姓名和单位名称、输入 25 位的产品密钥、输入计算机名称、设置系统管理员密码、进行日期和时间的设置。

　　一般根据安装向导提示逐步完成设置,单击"下一步"按钮;安装程序批量复制系统文

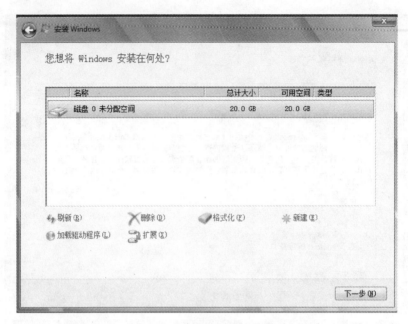

图 2-17　分区格式化

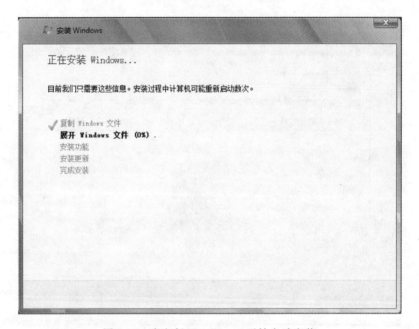

图 2-18　中文版 Windows 7 开始自动安装

件,并安装网络系统,此时"设置网络"选择"典型"、"工作组或计算机域"选择"默认",单击"下一步"按钮,安装程序自动执行并首次重新启动。进入启动界面,显示"欢迎使用 Microsoft Windows 7"界面,单击"下一步"按钮继续。

　　由于中文版 Windows 7 允许多用户使用一台主机,并能同时保存各用户的相关参数设置,这里可按安装程序的要求输入使用本机的用户名(如图 2-19 所示),也可以在整个系统安装后,通过"控制面板"进行用户添加。单击"下一步"按钮继续,进入"允许使用"界面,单击"完成"按钮进入系统。

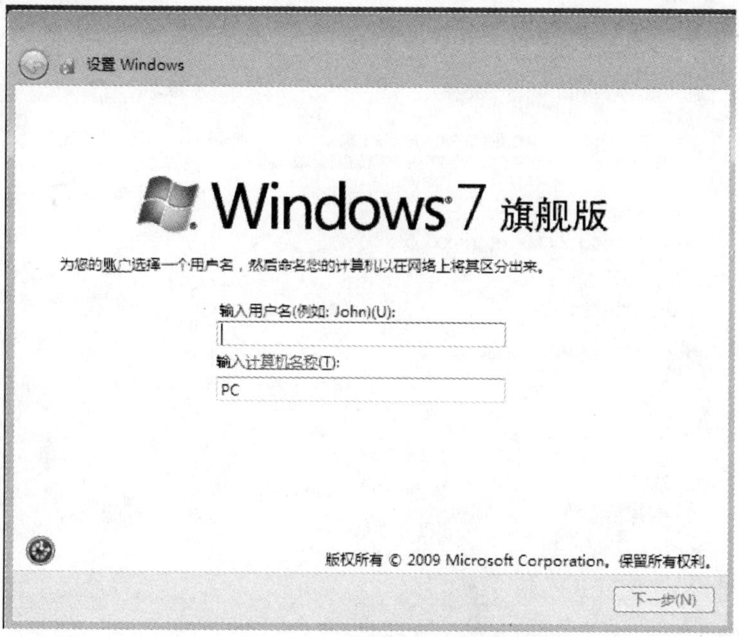

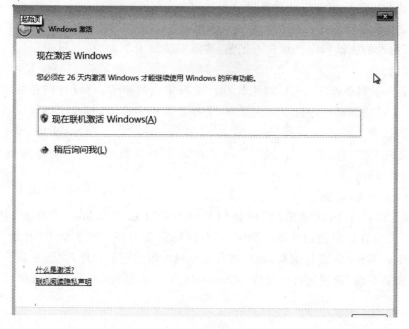

图 2-19   输入使用本机的用户名

在安装结束后,系统要求激活 Windows 7(如图 2-20 所示)。逐步单击"开始"→"激活 Windows 7",选择"打电话给客户服务代表来激活 Windows 7",单击"下一步"按钮;选择所在地区,拨打客户服务代表的联系电话,将系统生成的安装 ID 提供给客户服务代表,在文本框中输入客户服务代表提供的确认 ID(如图 2-21 所示)。单击"下一步"按钮时,如果输入的确认 ID 正确,则将出现激活成功提示,单击"完成"按钮开始使用中文版 Windows 7。

图 2-20   激活 Windows 7

图 2-21　获取确认 ID 并输入到文本框中

此时可以选择桌面上的"计算机"图标,右击选择"属性",查看系统版本。

(5) 配件驱动程序的安装

① 安装主板驱动程序:执行 Intel 芯片组软件安装程序,按程序提示进行操作,执行完毕后重新启动计算机。

② 安装硬盘驱动程序:执行 Intel 应用程序加速器,可以提高硬盘的性能。按程序提示进行操作,执行完毕后重新启动计算机。

③ 安装显卡驱动程序:对于计算机主板集成的显示接口,可以直接安装相应的驱动,即将随主板附送的驱动程序光盘放入光驱,选择安装显卡驱动,按提示操作,执行完毕后重新启动计算机。

④ 安装声卡驱动程序:同样对于计算机主板集成的声卡,可以直接安装相应的驱动,即将随主板附送的驱动程序光盘放入光驱,选择安装声卡驱动,按提示操作,执行完毕后重新启动计算机。

⑤ 安装网卡驱动程序:插入随网卡附带的驱动盘,运行其中对应型号的 setup.exe,按安装程序提示执行。

(6) 更新程序的安装

由于现在网络上病毒肆虐,用户必须及时为中文版 Windows 7 打上"补丁",它是 Windows 开发商在用户使用反馈信息中,对系统的完善程序。逐步单击"开始"→"所有程序"→Windows Update 进行更新,网站将自动查找可用的更新程序(如图 2-22 所示)。

单击"安装更新"选项进行中文版 Windows 7 的自动更新(如图 2-23 所示)。

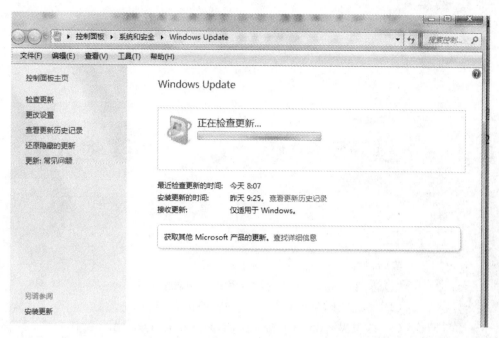

图 2-22　Windows Update 网站自动查找适用于当前计算机的最新更新程序

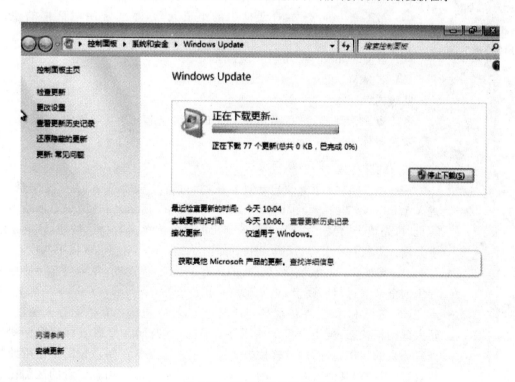

图 2-23　正在下载并安装更新

操 作 系 统 实验 3

实验目标

(1) 掌握 Windows 7 的启动和退出方法。

(2) 掌握鼠标在 Windows 7 中的使用方法。

(3) 认识 Windows 7 的桌面,掌握图标的组成及图标操作方法。

(4) 熟悉 Windows 7 的窗口组成及菜单的使用方法。

(5) 熟悉 Windows 7 对话框中的组成元素,掌握常用对话框的使用方法。

(6) 了解 Windows 7 的 DOS 工作方式。

(7) 掌握 Windows 7 中帮助的使用方法。

实验内容

利用资源管理器,熟悉 Windows 7 的各组成部分及其一般使用方法。

实验操作

1. Windows 7 的启动与退出

一般情况下,接通电源启动计算机时,可直接启动 Windows 操作系统,进入 Windows 7 的初始画面,即"桌面"(如图 3-1 所示)。当用户不再使用计算机时,先单击"开始"按钮,再从所弹出的菜单中单击"关机"按钮,这时系统会关闭计算机;单击旁边的 图标(如图 3-2 所示),则会出现以下选项。

(1) 切换用户:系统保存更改的所有 Windows 设置,并将当前存储在内存中的全部信息写入硬盘,更换账户重新登录。

(2) 睡眠和休眠:系统保持当前的运行,计算机将内存数据存入硬盘,将转入低功耗状态,当用户再次使用计算机时,短时间在桌面上移动鼠标即可恢复原来的状态,长时间可轻按电源键恢复。这通常在用户暂时不使用计算机,而又不希望其他人在自己的计算机上任意操作时使用。二者的区别在于睡眠状态时内存仍供电以保存数据。

(3) 重新启动:系统保存更改的所有 Windows 设置,并将当前存储在内存中的全部信息写入硬盘,然后重新启动计算机。

图 3-1　Windows 7 桌面

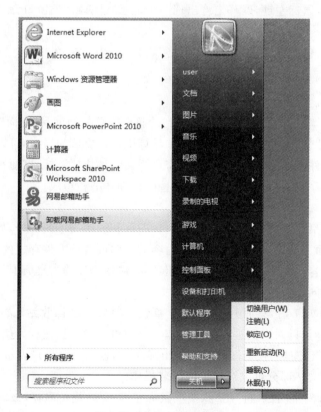

图 3-2　"关闭计算机"菜单

用户也可以在关机前关闭所有的程序,然后使用 Alt＋F4 组合键快速调出"关闭计算机"对话框进行关机。有时在操作中由于各种原因,会出现死机现象,这时同时按下 Ctrl＋Alt＋Del 三个键进入任务管理器,在"关机"菜单中选择操作。

2．鼠标操作

鼠标操作一般包括单击左键、拖动、单击右键和双击左键等,具体操作方法如下。

① 单击左键(又称左单击、单击)：将指针对准要选择的对象,按下左键。此操作用于选择操作对象。

② 拖动：将指针对准选择的对象,单击后按住左键不放,并拖动至一个新位置后再松开。此操作用于移动选择对象到一个新位置。

③ 单击右键(又称右击)：将鼠标对准选择对象,按下鼠标右键。此操作用于显示快捷菜单。随着鼠标所指对象的不同,弹出的快捷菜单的位置和内容各不相同。在快捷菜单以外的任何地方单击鼠标左键,则隐藏所显示的快捷菜单。鼠标右键的快捷菜单是 Windows 7 操作系统提供的一种快捷操作方法,当用户忘记某些操作命令或者不知如何操作时,可以右击所选对象弹出快捷菜单,从中找到所需的操作命令。

④ 双击左键(又称双击)：将鼠标对准选择对象,快速连续两次按下鼠标的左键。在"双击方式"中,此操作可用于启动一个程序或打开一个窗口,如移动鼠标,使鼠标光标指向"计算机"图标,双击鼠标左键,屏幕上将出现一个显示"计算机"的窗口,此操作即打开"计算机"窗口。

用同样的方法,依次打开"回收站"、"网络"窗口,再用鼠标单击各个窗口右上角的×按钮,关闭窗口。

3．桌面

启动 Windows 7 用户登录到系统后,看到的整个屏幕界面就是"桌面"(如图 3-1 所示)。桌面好比一个"个性化"的办公桌,它是用户和计算机进行交流的窗口,可以存放用户经常用到的应用程序和文件夹图标,或根据用户的需要添加各种快捷图标,以便在使用时双击图标快速启动相应的程序或文件。通常桌面由一些图标和任务栏组成。

(1) 桌面图标

桌面图标即在桌面上排列的小图形,它包含图形和说明文字两部分,如果把鼠标放在图标上停留片刻,桌面上会出现对图标所表示内容的说明或者是文件存放的路径,双击图标就可以打开相应的内容,如文件、文件夹、磁盘驱动器、应用程序等。桌面上的图标可能因计算机的不同而有所不同,这与计算机的设置有关。

在启动 Windows 7 后,桌面上通常有"计算机"、"网络"、"回收站"、"我的文档"等几个重要图标,使用鼠标可以对它们进行多种操作。以下以"计算机"图标为例,加以说明。

① 单击"计算机"图标,使该图标成为突出显示(即显示为深色),表示该图标被选定,再次单击该图标下的文字部分可以对其进行改名操作。

② 将鼠标指针对准"计算机"图标,按下鼠标左键不放,拖动鼠标,该图标随之移动到一个新位置,松开鼠标左键该图标即固定在新位置上。

③ 想重新整齐排列桌面上的图标,可在桌面上的空白处右击,此时会弹出"快捷菜单"(如图 3-3 所示),选择排序方式,即可进行图标排序。

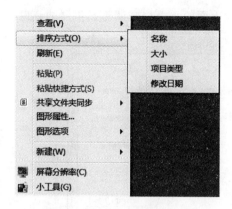

图 3-3　桌面上的快捷菜单

④ 双击桌面上的"计算机"图标,可打开"计算机"窗口。

⑤ 桌面上的某些图标可以删除,例如,单击桌面上的"我的文档"图标,该图标呈深色显示,表示选中该图标,再按键盘上的 Del 键,在弹出的窗口中单击"确定"按钮,则删除了"我的文档"图标。

(2) 任务栏组成及操作

任务栏是位于桌面最下方的一个小长条,它显示了系统正在运行的程序和打开的窗口,通过任务栏可以完成许多操作,而且也可以对它进行一系列的设置。任务栏可分为"开始"菜单按钮、快速启动工具栏、窗口按钮栏和通知区域等几部分(如图 3-4 所示)。

图 3-4　任务栏

① "开始"菜单按钮 ：单击该按钮可以显示"开始"菜单(或使用组合键 Ctrl+Esc),在用户操作过程中,用于打开大多数的应用程序。

② 快速启动工具栏：由多个小型按钮组成,单击可以快速启动程序,通常提供经常使用的几种功能,包括 Internet Explorer 图标 等。

③ 窗口按钮栏：当启动某项应用程序而打开一个窗口后,在任务栏上会出现相应的有立体感的按钮,若该窗口正在使用(称为活动窗口),则按钮是向下凹陷的,其他程序窗口的对应按钮则是向上凸起的;若想改变当前活动窗口,可以直接单击对应按钮。

④ 语言栏图标 EN：单击图标,在弹出的菜单中选择不同的中文输入法。语言栏还能以最小化按钮的形式在任务栏中显示;单击右上角的还原按钮 ,可以独立于任务栏之外。若需要添加某种语言,可在语言栏任意位置右击,在快捷菜单中选择"设置",打开"文本服务和输入语言"对话框(如图 3-5 所示),进行"默认输入语言"的设置,并对已安装输入语言的输入法进行添加或删除,并可设置快捷键来启动输入法。

⑤ 隐藏和显示 按钮：隐藏不活动的图标和显示隐藏的图标。在任务栏"属性"中选择"隐藏不活动的图标"复选框后,系统会自动将最近没有使用过的图标隐藏起来,以使任务栏的通知区域不至于很杂乱,它在隐藏图标时会出现一个小文本框提醒用户。

⑥ 音量控制器图标 ：即小喇叭形状的按钮,单击它出现一个"音量控制"对话框(如

图 3-6 所示),可以通过拖动上面的小滑块来调整扬声器的音量。

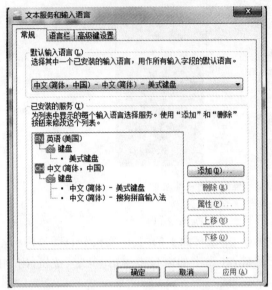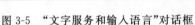

图 3-5 "文字服务和输入语言"对话框   图 3-6 "音量控制"对话框

⑦ 日期指示器:在任务栏的最右侧,显示当前时间,鼠标在时间上停留片刻,会出现当前日期,单击后打开"日期和时间"对话框(如图 3-7 所示),单击"更改日期和时间设置"可以:

➢ 进行时间和日期的校对;

➢ 进行时区的设置;

➢ 设置"自动与 Internet 时间同步",使本机上的时间与互联网上的时间保持一致。

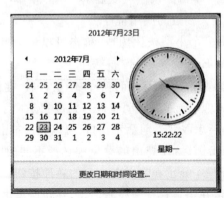

图 3-7 "日期和时间"对话框

⑧ 自定义任务栏:系统默认任务栏位于桌面最下方,但可以根据需要进行调整。左键拖动任务栏,可将其放置在窗口的上、下、左、右,并能改变任务栏的宽窄。

⑨ 任务栏属性:右击任务栏上的非按钮区域,选择"属性",打开"任务栏和「开始」菜单属性"对话框(如图 3-8 所示)。在"任务栏外观"选项组中,通过对复选框的选择来设置任务栏的外观。

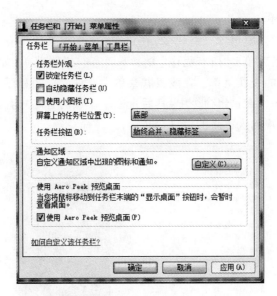

图 3-8 "任务栏和「开始」菜单属性"对话框

⑩ 锁定任务栏：任务栏可进行锁定，锁定后，任务栏不能被随意移动或改变大小。

（3）工具栏的使用

工具栏是系统为方便用户而设置的一些按钮。系统默认显示"语言栏"和"快速启动"工具栏，可以根据需要添加或新建工具栏，常见工具栏一般包括以下几种。

① 地址工具栏：在文本框内输入文件的路径，可以快速找到指定文件，还可以直接输入文件夹名、磁盘驱动器名等打开相应窗口。若计算机已连入了 Internet，在此输入网址，系统会自动打开 IE 浏览器。

② 链接工具栏：可以快速打开网站，其中包含了常用的选项，单击链接图标，可以直接进入相应的链接内容界面。

③ 语言栏：显示当前的输入法，可以根据需要完成输入法的查看与切换。

④ 桌面工具栏：包括了当前桌面上的图标，需要启动桌面上的程序或文件时，可以直接在任务栏上启动。

⑤ 快速启动工具栏：右击这些图标，在快捷菜单中可以进行复制、删除等多种操作，还可以互换按钮位置以及直接从桌面上拖动图标到此工具栏来创建一个快速启动按钮。

此外，对工具栏还可以进行添加、删除等编辑操作。

➢ 新建工具栏：在任务栏的非按钮区域右击，选择"工具栏"→"新建工具栏"选项，打开"新建工具栏"对话框，选择所要创建的程序或文件的名称，单击"确定"按钮。

➢ 删除工具栏：当不需要某工具栏时，同样可以通过右击任务栏上的非按钮区域，选择"工具栏"下要删除的工具栏名，取消工具栏名称前面的"√"，或者在快捷菜单中选择"关闭工具栏"命令，就可以删除相应的工具栏。

（4）应用程序的运行

Windows 7 提供了多种方法运行应用程序，下面介绍常用的几种。

计算机科学导论(第2版)实验指导

① 使用"开始"菜单

任务栏上的"开始"菜单包含一组命令,在该组命令中,其后带有向右实心三角 ▶ ,表示在该命令下还有级联菜单。"所有程序"命令下面有一级联菜单(如图3-9所示),鼠标移至该命令时,会打开它的级联菜单。在该级联菜单中有许多应用程序,对准某应用程序单击鼠标左键会运行该程序。在这组命令中,其后带三个小点的省略号者,表示该命令是一个未完成的命令,还需要用户输入更多的信息,如"运行…"命令等。

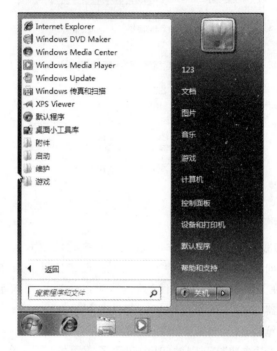

图3-9 "所有程序"对话框

一般在计算机的整个使用过程中,用户都会安装许多应用程序,这样会使"开始"菜单中出现许多应用程序命令,单击它可以直接启动。

② 使用"运行"命令

如果"开始"菜单中没有列出要运行的程序,可以使用"运行"命令来运行。在搜索框中输入"运行",在"打开"文本框(如图3-10所示)中输入程序的路径和名称。如果不清楚程序的位置,单击"浏览"按钮,从打开的对话框中可以找到需要的程序名称。

图3-10 "运行"对话框

③ 使用快捷方式图标

快捷方式是一种无需进入安装位置,即可启动常用程序或打开文件或文件夹的快速方法。双击桌面上应用程序的快捷方式图标,就能够启动相应的应用程序。如果要经常启动某个应用程序,可以在桌面上创建该应用程序的快捷方式图标。

(5) 任务管理器

任务管理器(如图 3-11 所示)可以结束程序或进程、启动程序、查看计算机性能的动态显示等。操作时,可以使用 Ctrl、Alt 和 Del 三键同时按下打开任务管理器,也可以右击任务栏无按钮区域,在快捷菜单中选择"任务管理器"。

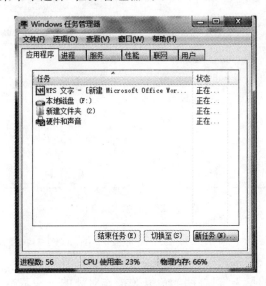

图 3-11　任务管理器窗口

4. 窗口组成

打开一个文件或者应用程序时,系统就会显示一个窗口。窗口是进行操作时的重要组成部分,熟练地对窗口进行操作,可以提高用户的工作效率。在 Windows 7 桌面上可以同时打开多个不同的窗口。

在中文版 Windows 7 中窗口种类很多,其中大部分都包括了相同的组件。以"计算机"窗口为例。逐步单击"开始"→"计算机"选项,可打开"计算机"窗口(如图 3-12 所示),观察该窗口可以看出其组成如下。

(1) 标题栏:位于窗口的最上部,它标明了当前窗口的名称。左侧有控制菜单(又称系统菜单)按钮,单击打开控制菜单,它和右击标题栏弹出的快捷菜单内容一致,右侧有最小化、最大化或还原以及关闭按钮。

(2) 菜单栏:位于标题栏的下方,通常只有一行(当窗口过于窄小时,会隐藏一部分或显示多行)。单击菜单栏中的菜单项,可以打开该菜单,并显示出各种菜单命令。使用键盘选择菜单命令时,首先按下 Alt 键激活菜单栏,然后输入菜单名后带下划线的字母,激活相应的下拉菜单。在菜单已经打开后,选择菜单命令有几种不同的方法。

➢ 按菜单命令名中带下划线的字母键;

➢ 用鼠标单击命令名;

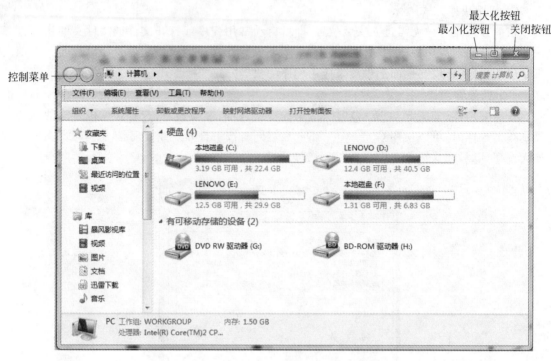

图 3-12 "计算机"窗口

➤ 使用光标移动键,上下移动光标至所需命令处,然后回车。

(3) 工具栏:包含一些常用的功能按钮,使用时可以直接单击。

(4) 状态栏:窗口的最下方,标明当前有关操作对象的一些基本情况。

(5) 工作区域:显示应用程序界面或文件中的全部内容,在窗口中所占的比例最大。

(6) 滚动条:当工作区域的内容太多而不能全部显示时,窗口将自动出现滚动条,可以通过拖动水平或垂直的滚动条来查看所有的内容。在滚动条中有一个长条形的块,称为滚动块。它在滚动条中的位置,表明当前显示部分在整个窗口信息中的位置。滚动条两端的黑色小三角称为滚动键,对滚动条的操作有以下三种。

① 单击滚动键:窗口按照滚动键箭头的方向,移动一行。如果对准它按下鼠标左键不放则滚动块连续移动,窗口也相应连续移动。

② 单击滚动条:单击滚动条中滚动块两边的空白处,每单击鼠标一次,屏幕会向上(向左)或向下(向右)滚动一个窗口大小的内容。

③ 滑动滚动块:窗口显示的内容会随滚动块滑动的位置变化而变化。

(7) 链接区域:Windows 7 系统中,有的窗口左侧新增加了链接区域,它以超链接的形式为用户提供了各种操作的便利途径。一般情况下,链接区域包括以下几种选项,可以通过单击选项名称的方式来隐藏或显示其具体内容。

① 任务:指常用操作命令,其名称和内容随打开窗口的内容而变化,选择一个对象后,在该选项下会出现可能用到的各种操作命令,不必在菜单栏或工具栏中选择,其类型有"文件和文件夹任务"、"系统任务"等。

② 其他位置:以链接的形式提供计算机上其他的有用位置;需要时实现快速跳转,打

开所需文件。

③ 详细信息：显示了所选对象的大小、类型和其他信息。

还有一种特殊的 Windows 窗口形式——对话框，它通常也有几个部分，其基本的类型有选项卡、文本框、单选框、复选框、列表框和命令按钮等。各部分选择可以使用鼠标单击该部分、可以使用 Tab 键或是在按下 Alt 键的同时，按下该部分中带下划线的字母，各部分的形式功能如下。

> 选项卡：用于将对话框中的选项进行分类。单击选项卡标题则选中不同的选项卡，每个选项卡都是一个独立的对话框。

> 文本框：要求从键盘中输入文本。

> 单选框：选项按钮是一种排他性的设置，通常形状是圆型，选定时，圆圈中填充一个黑点。

> 复选框：用来表示可有多种选择的选项，通常是小方形框，方框中为空时，表示未选中状态，否则为选中状态。

> 列表框：显示一个选项列表或项目表以供用户选择。有时，列表框的右边有一个小箭头，单击该小箭头也会打开一个列表，以便选择。

> 命令按钮：用于立即执行的命令，通常其形状为长方形。当某一个命令按钮带有较粗的黑色边框时，按下 Enter 键，即可开始执行此命令。

5. 窗口操作

窗口操作可以通过鼠标使用窗口上的各种命令进行操作，也可以通过键盘使用快捷键进行操作。基本的操作包括打开、缩放和移动等。

（1）窗口菜单命令的约定

① 命令名灰化，表明该命令当前不能使用。

② 命令名后带有省略号…，表明执行该命令时，会显示一个对话框，必须输入其他必要信息后，该命令才能执行。

③ 命令前出现复选标记√，表明该命令处于"有效状态"。如果没有复选标记，表明该命令处于无效状态。每次选取这种命令时，它都是在两种状态之间不断地进行切换。

④ 命令名右边出现三角形标记 ▶，表明该命令项下面还有附加子命令，称为"级联菜单"。

⑤ 命令名左边出现单个点 •，表示当前选项是几个相关选项中的一个"排他性"的选项。在这些选项中，只能选择一个，有 • 的命令表明是当前的设置。

⑥ 命令名后列出组合键，表明该命令的执行，除采用菜单选择外，还可以使用快捷键。

（2）打开窗口

双击选中的图标或右击选中的图标，在快捷菜单中选择"打开"。

（3）移动窗口

打开窗口后，在标题栏上按下鼠标左键拖动，移动到合适的位置后再松开。也可以右击标题栏，选择"移动"选项，通过按键盘上的方向键移动窗口至合适的位置，再用鼠标单击或者按回车键确认。

(4) 调整窗口

① 改变窗口宽度或高度,可将鼠标指针放在窗口的垂直或水平边框上,当变成双向箭头时按下左键进行拖动。当需要对窗口进行等比缩放时,可将鼠标指针放在边框的任意角上进行拖动。

② 右击标题栏,在快捷菜单中选择"大小",通过键盘上的方向键来调整窗口的高度和宽度至合适大小,再用鼠标单击或者按回车键确认。

(5) 最大化、最小化窗口

可以通过单击标题栏右上方的按钮进行操作。

① 最小化按钮 ▭ ,单击后使窗口以按钮的形式缩小到任务栏,单击任务栏上该按钮即可将其打开。

② 最大化按钮 ▢ ,单击后使窗口铺满整个桌面,当窗口最大化时,不能再移动或者是缩放窗口(此时窗口中该按钮转换成还原按钮)。

③ 还原按钮 ❐ ,恢复最大化前打开时的状态,使窗口占据桌面的部分空间,其大小可以调整。在标题栏上双击可以使窗口在最大化与还原两种状态间进行切换。

窗口的大小调整也可以通过快捷键完成。用"Alt+空格键"打开控制菜单,根据菜单中的提示,在键盘上输入相应的字母,例如要最小化时输入字母 N,可以快速完成相应的操作。

6. 窗口切换

当多个应用程序同时运行时,系统允许用户随时在各程序间进行切换。这种切换既可以使用鼠标,也可以使用键盘,具体方法如下。

(1) 当窗口处于最小化状态时,直接在任务栏上选择并单击相应的窗口按钮;当窗口处于非最小化状态时,可以在所选窗口的任意位置单击,当标题栏的颜色与其他窗口不同,为突出显示色时,表明完成对窗口的切换。

(2) 采用 Alt+Tab 组合键,在键盘上同时按下 Alt 键和 Tab 键后,出现切换窗口选择,在其中列出了当前正在运行的程序,此时按住 Alt 键,然后在键盘上连续按 Tab 键选择相应窗口,完成后松开两键。

(3) 采用 Alt+Esc 组合键,先按下 Alt 键,再按 Esc 键,用于切换已打开的多个窗口,以选择所需要打开的窗口。这种方法只能改变激活窗口的顺序,而不能使最小化窗口放大。

7. 窗口关闭

关闭应用程序窗口就是退出该程序,操作方法有很多,常用的有如下几种。

(1) 直接在标题栏上单击"关闭"按钮。

(2) 双击控制菜单按钮。

(3) 单击控制菜单按钮,在弹出的控制菜单中选择"关闭"命令。

(4) 使用菜单栏中"文件"菜单中的"退出"命令。

(5) 使用快捷键 Alt+F4。

(6) 使用任务栏中的快捷菜单,右击任务栏中的应用程序图标按钮,出现快捷菜单,选择"关闭"命令。

若在关闭窗口之前,未保存所创建的文档或者所做的修改,则系统在执行"关闭"命令时,会弹出一个对话框,询问是否要保存所做的修改,选择"是"选项则保存文件后关闭,选择

"否"选项则不保存文件立即关闭,选择"取消"选项则取消关闭窗口操作。

8. 窗口排列

Windows 7 系统可以同时运行两个或两个以上应用程序。当同时运行多个程序时,这些程序同时作为窗口放置在桌面上,因此,在桌面上需要合理地安排好这些窗口。方法是在任务栏的空白处单击鼠标右键,弹出一个快捷菜单(如图 3-13 所示),使用其中的命令,可以对窗口在桌面上的摆放形式进行适当的选择。以下各命令需要至少两个窗口。

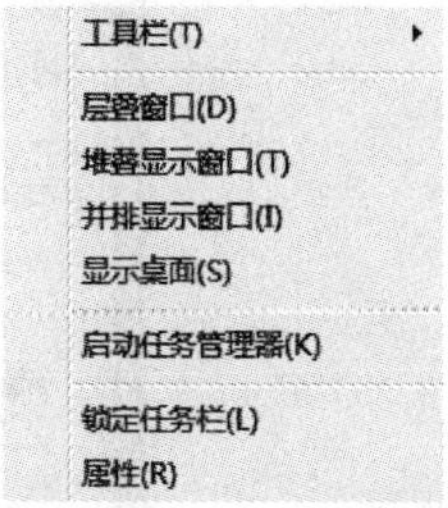

工具栏(T) ▶
层叠窗口(D)
堆叠显示窗口(T)
并排显示窗口(I)
显示桌面(S)
启动任务管理器(K)
锁定任务栏(L)
属性(R)

图 3-13 任务栏快捷菜单

(1)层叠窗口:将窗口按打开先后的顺序依次排列在桌面上,其中每个窗口的标题栏和左侧边缘是可见的,使得用户能任意切换各窗口之间的顺序。

(2)堆叠显示窗口:将各窗口并排显示,在保证每个窗口大小相等的情况下,使得窗口尽可能往水平方向伸展。

(3)并排显示窗口:在排列的过程中,使窗口在保证每个窗口都显示的情况下,尽可能往垂直方向伸展。

在选择了某项排列方式后,任务栏快捷菜单中会出现相应的撤销该选项的命令,执行此撤销命令后,窗口恢复原状。

9. 进入 DOS 方式

逐步单击"开始"→"所有程序"→"附件"→"命令提示符",即可进入 DOS 方式,在该方式下,用户可以使用 DOS 中的命令。

10. "帮助"的使用

Windows 7 提供了功能强大的帮助系统,在使用计算机的过程中遇到了疑难问题无法解决时,可以在帮助系统中寻找解决问题的方法。在帮助系统中不但有关于 Windows 7 操作与应用的详尽说明,而且可以在其中直接完成对系统的操作,同时基于 Web 的帮助还能使用户在互联网上享受 Microsoft 公司的在线服务。

(1)使用"帮助和支持"窗口

逐步单击"开始"→"帮助和支持",打开"帮助和支持中心"界面(如图 3-14 所示),系统提供了帮助主题、指南、疑难解答和其他支持服务。帮助系统以 Web 页的风格显示内容,以超链接的形式打开相关的主题。与以往的 Windows 版本相比,结构层次更少,索引更全面,每个选项都有相关主题的链接,以便于找到所需内容。通过帮助系统,可以快速了解 Windows 7 的新增功能及各种常规操作。

① 浏览栏,位于窗口最上方,其中的选项可方便快速地选择所需操作。

➢ 单击 ,返回上一页。

➢ 单击 ,后移一页。在这两个按钮旁边有黑色向下箭头,单击箭头后显示曾经访问过的主题,可直接从中选取以避免逐步后退。

➢ 单击 ,回到窗口的主页。

② 在窗口的浏览栏下方的是"搜索"文本框,可以输入要求帮助的内容,进行搜索并设置搜索选项进行内容的查找。

图 3-14　Windows 7 的帮助界面

③ 在窗口的工作区域中是各种帮助内容的选项,在"选择一个帮助主题"选项组中有针对相关帮助内容的分类,第一部分是中文版 Windows 7 的新增功能以及基本的操作,第二部分是有关网络的设置,第三部分是如何自定义自己的计算机,第四部分是有关系统和外部设备维护的内容。在"请求帮助"选项组中,可以启用远程协助向别的计算机用户求助,也可以通过 Microsoft 联机帮助支持向在线的计算机专家求助,或从 Windows 7 新闻组中查找信息。在"选择一个任务"选项组中,可以利用所提供的各选项对自己的计算机系统进行维护。在"您知道吗"选项中用户可以启动"新建连接向导",并查看如何通过互联网服务提供商建立一个网页连接。

(2) 使用帮助系统

在"帮助和支持中心"窗口中,可以通过以下几种途径找到所需内容。

① 直接选取相关选项并逐级展开,选择一个主题单击,窗口会打开相应的详细列表框,在该主题的列表框中选择具体内容单击,在窗口右侧的显示区域中显示相应的具体内容。

② 直接在"帮助和支持中心"窗口中的"搜索"文本框中输入要查找内容的关键字,然后

单击 🔍 按钮,快速查找到结果。

③ 使用帮助系统的"索引"进行相关内容的查找,单击"索引"选项卡,切换到"索引"页面,在"索引"文本框中输入要查找的关键字,或直接在其列表中选定所需要的内容,然后单击"显示"按钮,在窗口右侧则显示该项的详细资料。

④ 如果连入了 Internet,可以通过"远程协助"获得在线帮助或与专业支持人员联系,在"帮助和支持中心"窗口的浏览栏上单击"支持"按钮,打开"支持"页面,向朋友求助或直接向 Microsoft 公司寻求在线协助支持,还可以和其他的 Windows 用户进行交流。此外,"帮助和支持中心"窗口还可以自定义。在窗口的浏览栏上单击"选项"按钮,打开"选项"页面,在"更改帮助和支持中心选项"中,用户可以自定义帮助系统的窗口结构,例如是否在浏览栏上显示"收藏夹"和"历史"这两个按钮,帮助显示内容的字体大小以及在浏览栏上是否显示文字标签等。

（3）使用应用程序中的帮助菜单

一般应用程序在菜单栏中都有一个"帮助"菜单。以"画图"程序为例。逐步单击"开始"→"程序"→"附件"→"画图",进入画图程序窗口,选择菜单栏最右侧的"帮助"按钮 ❓ （如图 3-15 所示）。单击该按钮,出现"帮助"窗口（如图 3-16 所示）,可以根据需要查找帮助信息。在许多 Windows 7 的应用程序中,按下 F1 键,即可访问帮助系统。这是获取所需帮助信息最快的途径,因为帮助系统会立即给出与当前活动内容有关的帮助主题。

图 3-15　"画图"程序的帮助

（4）使用对话框中的帮助信息

有时为了了解对话框中某些项目的功能,可以利用单击对话框中右上角的 ❓ 图标获取对话框内的相关帮助信息（如图 3-17 所示）。如果没有该图标也可以按下 F1 键,或单击对话框中的"帮助"按钮。

计算机科学导论(第2版)实验指导

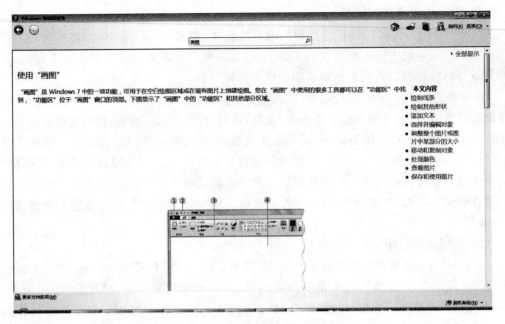

图 3-16 "画图"应用程序的帮助窗口

图 3-17 从对话框中获取帮助

PART 2

工具软件的使用

工具软件是这样一些实用软件,它们的体积一般较小,功能相对单一,但却是计算机用户实际工作中必不可少的常用工具。对常用工具软件操作知识的学习,有利于用户对系统的维护。

大多数工具软件是共享软件、免费软件、自由软件,或者是软件厂商开发的小型商业软件。对工具软件使用的熟练程度,是衡量计算机用户技术水平的一个重要标志。常用的工具软件包括安全维护、系统工具、网络工具、网络软件通信等。

这篇介绍其中几个常用的软件,共分为4个实验。

1. 网页浏览器与电子邮件工具

网页浏览器是显示网页服务器文件,并让用户与这些文件互动的一种软件。它用来显示万维网内的文字、影像及其他资讯。目前,常用的网页浏览器有 Windows 自带的 IE 9 浏览器、火狐浏览器等。

电子邮件是一种通过网络实现相互传送和接收信息的现代化通信方式。邮件客户端软件主要有 Windows 自带的 Outlook Express、Foxmail 等,使用邮件客户端软件可以创建用户账户、收发电子邮件及管理通讯录。

2. 压缩软件

压缩软件是利用压缩原理压缩数据的工具,压缩后所生成的文件称为压缩包,其所占磁盘空间减少。如果想使用其中的数据,需用压缩软件把数据还原,这个过程称作解压缩。常见的压缩软件有 WinRAR、WinZIP 等。

3. 安全维护软件

安全维护软件是一种可以对病毒、木马等一切已知的、对计算机有危害的程序代码进行清除的程序工具。安全维护主要以预防为主,分为杀毒软件、辅助性安全软件、反流氓软件等。

计算机科学导论(第 2 版)实验指导

4. 信息检索

搜索引擎是万维网环境中的信息检索系统,常用的搜索引擎有 Google、百度等。它们能检索与用户查询条件相匹配的记录,并按一定的排列顺序返回结果。

中国知网是全球领先的数字出版平台,为海内外读者提供中文学术文献、外文文献、学位论文等各类资源的统一检索、统一导航、在线阅读和下载服务。

Internet Explorer 9 　　实验 4

实验目标

(1) 掌握 Internet Explorer 9 的基本功能和操作方法。

(2) 掌握免费邮箱的申请及使用方法。

(3) 掌握电子邮件的使用方法。

实验内容

(1) 使用 Internet Explorer 9 浏览网页,保存网页和图片。

(2) 网页收藏及收藏夹的基本操作。

(3) 设置 Internet 选项卡。

(4) 寻找最近访问过的网页。

(5) 申请一个网易免费邮箱并收发电子邮件。

(6) 利用 Foxmail 收发电子邮件。

实验操作

Internet Explorer 9 浏览器,简称 IE 9,是微软公司的一款应用于 Win7 的 IE 浏览器,该款浏览器在 2009 年底宣布研发,2011 年 3 月在中国发布正式版本。IE 9 利用 PC 的图形处理单元优势加强了文字和图形的渲染、标签浏览、可伸缩矢量图形等能力,而且更遵守网页浏览标准,尤其是对 HTML5 标准的支持。

1. Internet Explorer 9 的基本功能及操作

(1) 启动 Internet Explorer 9

在桌面环境下,在开始菜单中单击"所有程序",选择 Internet Explorer 9,打开 Internet Explorer 9(简称 IE 9)应用程序窗口,IE 9 显示空白页(如图 4-1 所示)。

(2) 熟悉 IE 9 界面

IE 9 和大多数 Windows 应用程序类似,由网址栏、菜单栏、命令栏、收藏夹栏等组成。

① 网址栏:位于窗口的第一行,可以直接输入网址。网址栏右方有三个

计算机科学导论(第2版)实验指导

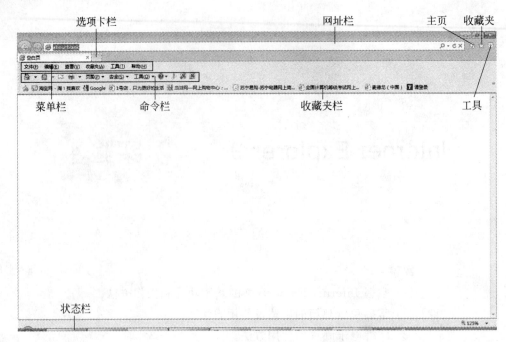

图 4-1　Internet Explorer 9 界面

按钮,分别是主页 🏠、收藏夹 ⭐ 和工具 ⚙。其中,单击主页按钮 🏠 后返回浏览器默认的主页(详见 5),单击收藏夹按钮 ⭐ 后弹出收藏夹中的收藏地址列表,单击工具按钮 ⚙ 后显示快捷菜单供用户选择执行。

② 选项卡栏:IE 9 允许同时浏览多个页面,通过选项卡的选择可以实现网页间的切换。最后一个选项卡为"新选项卡"。

③ 菜单栏:位于网址栏下方,在菜单栏上单击右键可显示或取消显示菜单栏。菜单栏主要用于新建选项卡或窗口、选择并复制粘贴网页内容以及显示收藏夹内的内容。

④ 命令栏:位于菜单栏下方,有各种小图标代表不同的功能。

⑤ 收藏夹栏:位于地址栏右方,用于放置已收藏的网页地址以及查找访问网页的历史记录。

⑥ 状态栏:位于 IE 9 界面的底部,用于显示 IE 9 当前的使用状况。

2. 使用 IE 9 浏览网页

IE 9 的主要作用就是浏览网页,通常可以通过以下几种方法进行操作。

(1) 直接输入网址浏览网页

浏览网页最直接的方法就是在浏览器的地址栏中输入网址,然后按下回车键。例如,输入"http://www.sina.com.cn"后,按回车键即可打开新浪网的首页(如图 4-2 所示)。

(2) 通过超链接浏览网页

在打开的 Web 网页中,常常会有一些文字、图片、标题等,将鼠标放到上面,鼠标指针会变成 🖐 形状,这表明此处是一个超链接。例如,单击"财经"超链接,即可进入其所指的财经 Web 页。

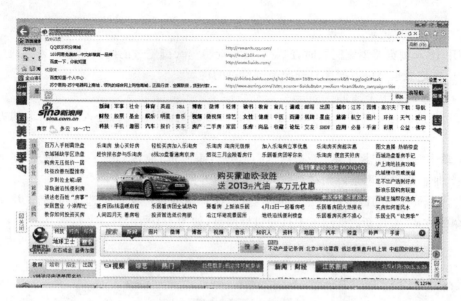

图 4-2　浏览新浪网页

（3）使用地址栏的历史记录浏览网页

在地址栏文本框中输入的网址会被自动保存，单击地址栏右侧的下三角按钮，可以打开一个下拉列表框（如图 4-2 所示）。选择并单击所需的网址即可进入对应的网页。

（4）利用导航按钮浏览网页

IE 9 地址栏中提供了几个常用的导航按钮，如前进、返回、刷新和停止按钮，它们可以快速切换、刷新或停止加载网页。

（5）通过收藏夹浏览网页

对于经常访问的网页或是喜欢的网页，可以利用收藏夹将其网址收藏起来，以便通过收藏夹方便地访问这些网页（如图 4-3 所示）。

图 4-3　收藏夹

计算机科学导论(第 2 版)实验指导

(6) 使用历史记录浏览网页

使用 IE 9 浏览器浏览网页时,浏览器会自动将当天浏览过的网页记录下来。通过收藏夹中的历史记录也可以方便地打开曾经浏览过的网页。

(7) 同时浏览多个网页

IE 9 浏览器允许在同一窗口通过不同选项卡浏览多个网页,进入新选项卡的方法有两种。

① 单击"选项卡"栏上的"新选项卡"(如图 4-1 所示)或按 Ctrl＋T 键进入"新建选项卡",在地址栏中输入网址后则在当前选项卡中打开网页。

② 打开页面中的链接可以通过鼠标右击,在弹出的快捷菜单中选择"在新选项卡中打开"命令的方法,将在新的选项卡中打开目标网页(如图 4-4 所示)。

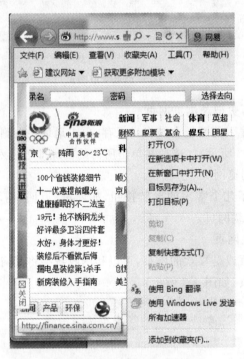

图 4-4 "在新选项卡中打开"命令

3. 保存网页

(1) 保存整个网页

① 在工具栏中单击"页面"按钮,在弹出的下拉菜单中选择"另存为"命令(如图 4-5 所示)。

② 弹出"保存网页"对话框,选择保存路径和文件类型,单击"保存"按钮即可保存网页或在"文件名"下拉列表框中改变文件的名称后再保存(如图 4-6 所示)。

也可在"文件"菜单中选择"另存为"命令。

(2) 保存网页中的图片

① 在想要保存的图片上右击,然后在弹出的快捷菜单中选择"图片另存为"命令(如图 4-7 所示)。

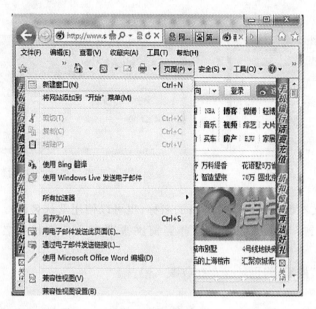

图 4-5 保存页面

图 4-6 选择保存路径和文件类型

② 在弹出的"保存图片"对话框中,定位到希望保存此文件的文件夹,并重新给图片命名,然后单击"保存"按钮。

4. 网页收藏及收藏夹的操作

收藏夹是指向在 Internet Explorer 中保存的网站的链接。通过保存到收藏夹,可以快速进入经常访问的网站。

(1) 网页收藏

① 使用浏览器打开自己喜欢的网页。

② 待网页完全打开后,在"收藏夹"中选择"添加到收藏夹" 命令,打开"添加收藏"对话

框(如图4-8所示)。

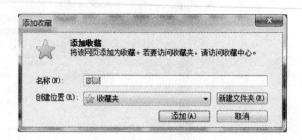

图4-7 保存图片   图4-8 "添加收藏"对话框

③ 在"名称"文本框中输入当前网页的名称(也可以使用默认名称)。

④ 在"创建位置"下拉列表框中选择当前网页要存入的文件夹名称,或选择新建文件夹。

⑤ 单击"添加"按钮,将网址保存在收藏夹中。

(2)整理收藏夹

收藏夹的内容可以进行调整,首先在"收藏夹"菜单中选择"整理收藏夹"命令,打开"整理收藏夹"对话框(如图4-9所示),再根据需要具体操作。

① 查看文件夹:单击文件夹将其展开,能够看到其中包含的链接。

图4-9 整理收藏夹

② 重命名:单击"重命名"按钮,可对文件夹或收藏的链接进行重新命名。

③ 移动链接的位置:选中指定链接,单击"移动"按钮,打开"浏览文件夹"对话框,从中选择目标文件夹,单击"确定"按钮。

④ 删除链接或文件夹:选择要删除的链接或文件夹,单击"删除"按钮,在打开的确认

对话框中单击"确定"按钮。

设置完成后,单击"关闭"按钮保存整理结果。

5. 设置 Internet 选项卡

在浏览器窗口中单击"工具"选项卡,在弹出的下拉菜单中选择"Internet 选项"命令,则打开了"Internet 选项"对话框(如图 4-10 所示)。Internet 选项卡的设置都在此对话框中进行。

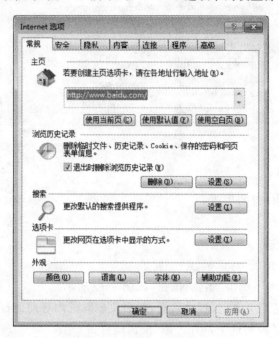

图 4-10　"Internet 选项"对话框

(1) 改变默认的主页

浏览器访问某个 Web 服务器上的信息时第一个链接到的文档就是主页。修改主页的方法如下。

① 在浏览器窗口中,打开需要设置为起始页的网站(如 http://www.baidu.com)。

② 在网页完全打开情况下,打开"Internet 选项"对话框。

③ 在"常规"选项卡的"主页"选项组中单击"使用当前页"按钮。

④ 单击"确定"按钮即可。

(2) 更改 IE 9 临时文件夹位置

更改 IE 9 临时文件夹位置的操作步骤如下。

① 打开"Internet 选项"对话框。

② 在"常规"选项卡的"浏览历史记录"选项组中单击"设置"按钮,打开"Internet 临时文件和历史记录设置"对话框。

③ 单击"移动文件夹"按钮,打开"浏览文件夹"对话框(如图 4-11 所示)。指定 Internet 临时文件夹的位置,然后单击"确定"按钮。

④ 返回到"Internet 临时文件和历史记录设置"对话框,单击"确定"按钮。

⑤ 弹出"注销"对话框,提示需要重新启动计算机以完成临时文件夹的移动,单击"是"

计算机科学导论(第 2 版)实验指导

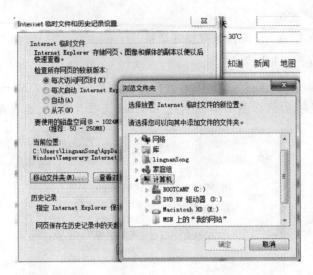

图 4-11　设置临时文件夹的位置

按钮,完成临时文件夹位置的更改。

(3) 删除历史记录

按以下操作步骤进行。

① 打开"Internet 选项"对话框。

② 在"常规"选项卡下单击"删除"按钮(如图 4-10 所示)。

③ 弹出"删除浏览的历史记录"对话框,在需要删除的内容前面打上对勾[如图 4-12(a)所示],在弹出的"注销"对话框中,单击"是"按钮即可。

④ 如果仅仅清除某一个历史记录,可以在"收藏夹"中单击"历史记录"选项卡,选择需要删除的历史记录并右击,在弹出的快捷菜单中选择"删除"命令[如图 4-12(b)所示]。

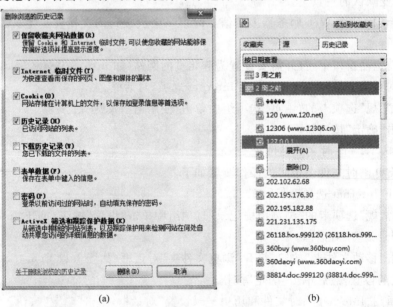

(a)　　　　　　　　　　(b)

图 4-12　删除历史记录

⑤ 此外,可以打开 Windows 的 History 文件夹,将全部文件删除即可清除全部的历史记录。

(4) 在 IE 9 中屏蔽弹出广告

① 打开"Internet 选项"对话框。

② 切换到"隐私"选项卡,选中"启用弹出窗口阻止程序"复选框(如图 4-13 所示),单击"确定"按钮即可。

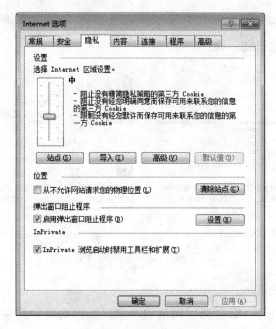

图 4-13   屏蔽弹出广告

6. 找到最近访问过的网页

找到最近访问过的网页有如下几种方法。

(1) 返回到刚离开的网页。

直接单击"后退"按钮即可。

(2) 查看 IE 9 中以前访问过的网页。

单击"收藏夹"按钮 ☆,然后单击"历史记录"选项卡,出现历史记录列表。可按日期、站点名称、最常访问频率或最近访问时间对历史记录列表进行排序,然后单击要访问的站点即可。

(3) 返回到在此会话过程中访问过的某个网页。

单击"前进"按钮,逐步返回到以前访问过的页面。

(4) 返回到在地址栏中输入的 Web 地址。

单击地址栏末尾"显示地址栏自动完成"的向下箭头,以显示以前在地址栏中输入的 Web 地址列表,输入过程中 IE 9 根据输入给出相匹配的地址项。

(5) 打开上一个浏览会话。

单击"工具"按钮,然后单击"重新打开上次浏览会话"。

(6) 打开自启动 IE 9 以来最常使用的网站。

计算机科学导论(第 2 版)实验指导

单击"文件"菜单下的"新建选项卡"命令或单击"新选项卡",将出现最常使用的网站(如图 4-14 所示)。

图 4-14　最常使用的网站

7. 申请免费电子邮箱

电子邮箱(E-MAIL BOX)是通过网络电子邮局为网络客户提供的网络交流电子信息空间。电子邮箱具有存储和收发电子信息的功能,是因特网中最重要的信息交流工具。免费邮箱是免费提供电子邮件传输服务,作为交换,该网站上对所请求的电子邮件服务会植入广告。免费邮箱的优点在于可以从任何互联网通路上登录到免费邮箱的提供网站,并且不必使用自己的互联网服务供应点。

申请免费电子邮箱的方法大同小异,以 163 网易邮箱为例,具体操作如下。

(1) 打开 IE 9 浏览器,在地址栏输入"http：//mail.163.com",进入网易免费邮箱登录注册界面(如图 4-15 所示)。

(2) 单击"注册"进入网易通行证注册页面。

(3) 查看"网易通行证服务条款",单击"我接受"按钮,进入下一页面。

(4) 填写通行证用户名(即信箱用户名,6～18 个字符,可使用字母、数字、下划线,推荐以手机号码直接注册),系统会自动查看用户名是否被占用。如果已被占用,重新填写通行证用户名。

(5) 依次填写登录密码(如 nj0123456)、密码 、手机号、验证码等,并接受"服务条款",再单击"立即注册"按钮。

至此在网易上成功申请到一个免费邮箱,以后可以在网易邮箱的首页中,输入用户名和密码,登录成功后进入邮箱界面,可以进行邮件的收发(如图 4-16 所示)。

图 4-15　网易免费邮箱登录注册界面

图 4-16　网易邮箱界面

8. 发送邮件

在网易邮箱界面中(如图 4-16 所示),单击"写信"按钮,出现"邮件撰写"对话框(如图 4-17 所示)。单击联系人名或在收件人处输入收信人地址,写给多人时,在各人邮箱地址间用分号分隔,再写入邮件主题和邮件正文,单击"添加附件"按钮,可以通过浏览找到要发送的附件(163 允许最大附件可达 2G),单击"打开"按钮,等文件上传后,单击"发送"按钮。写信时,还可以选择不同的信纸背景、插入各种表情,使邮件更加生动活泼。

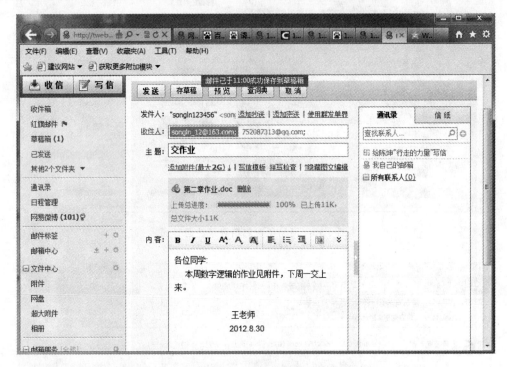

图 4-17 撰写、发送邮件

9. 接收邮件及阅读邮件、回复邮件

在网易邮箱界面中(如图 4-16 所示),单击"收件箱"选项,出现"收件箱"对话框(如图 4-18 所示),在收件箱中,有以下几点需要注意。

(1) 左边是文件夹,把来信分成几类,便于分类管理。

(2) 来信太多,右下角把来信分成了几页。可以分页查看,所有来信都是按时间先后排列的,对邮件可以进行删除、移动、排序、举报垃圾邮件等操作。

(3) 要阅读邮件,双击列表中的邮件即可在新选项卡打开指定邮件。例如单击收件箱(如图 4-18 所示)的第二封邮件,则打开该邮件(如图 4-19 所示)。

(4) 在打开的邮件选项卡中(如图 4-19 所示),单击"回复"、"转发"按钮可以回复收件人,或把该邮件转发给其他人;如有附件,可以通过单击"查看附件"按钮,选择打开或者下载附件。

10. 邮件设置(自行练习)

在网易邮箱界面中,单击选项卡上方的"设置"按钮,进入"邮箱设置"菜单,可以对邮箱进行常规、账户与安全、邮件收发、邮箱中心等设置(如图 4-20 所示)。

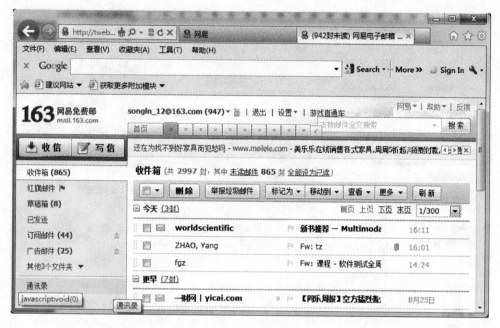

图 4-18　收件箱

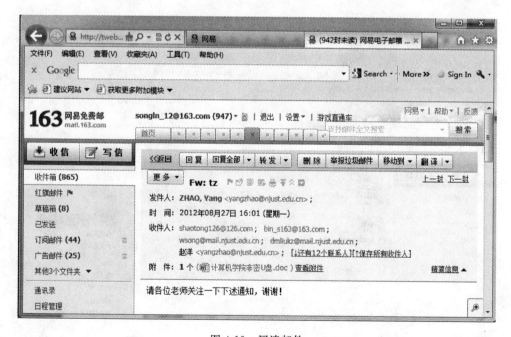

图 4-19　阅读邮件

11. 通讯录(自行练习)

单击"通讯录"选项卡,可以对联系人进行新建、删除、修改等操作,并可对联系人以及分组进行相关的管理(如图 4-21 所示)。

计算机科学导论(第 2 版)实验指导

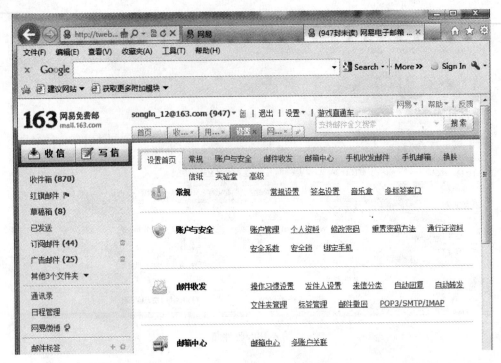

图 4-20　"邮箱设置"菜单

图 4-21　通讯录

12. 在 Foxmail 中添加新用户账户(新邮箱)

Foxmail 是一个中文版电子邮件客户端软件,支持全部的 Internet 电子邮件功能,且收发邮件速度快,不用下载网站页面内容。另外可将收到的和曾经发送过的邮件都保存在本地计算机中,不用上网就可以对旧邮件进行阅读和管理,同时还可以管理多个邮箱。

(1) 运行 Foxmail 后显示收发邮件界面(如图 4-22 所示)

（2）单击"账户"→"新建"，进入 Foxmail 用户向导（如图 4-23 所示），填写"用户名"和"邮箱路径"（首次安装的 Foxmail 程序将自动启动向导程序）。

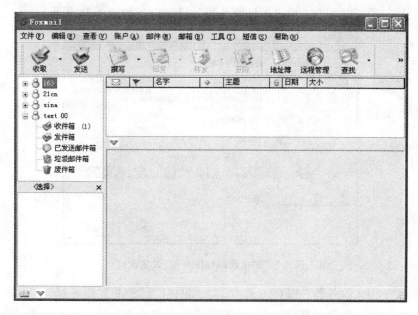

图 4-22　Foxmail 邮件管理界面

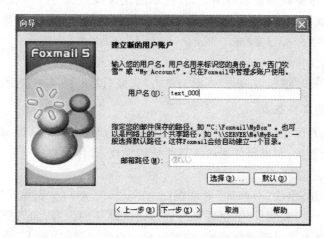

图 4-23　Foxmail"建立新的用户账户"对话框

① 在"用户名"中输入用户姓名或代号信息，以区别使用 Foxmail 收发邮件的其他用户。当有多个邮箱、并且准备建立多个账户管理多个邮箱时，建议在"用户名"中输入的信息与邮箱相对应，例如网易邮箱建立的账户命名为 My_163。

② "邮箱路径"用来设置本账户内邮件的存储路径。一般选择默认路径，这时存储在 Foxmail 所在目录的 mail 文件夹下，以用户名命名的文件夹中。单击"选择"按钮，在弹出的目录树窗口中选择后，可以将邮件存储在其他位置。单击"下一步"按钮，进入"邮件身份标记"窗口。

（3）填写"发送者姓名"与"邮件地址"

① "发送者姓名"用来在发送邮件时追加用户姓名，以便于 E-mail 的接收者识别邮件

的发送者。

　　② "邮件地址"用来在发送的邮件中显示发送者的 E-mail 地址,以便于接收者回信。

　　单击"下一步"按钮,进入"指定邮件服务器"设置窗口(如图 4-24 所示)。

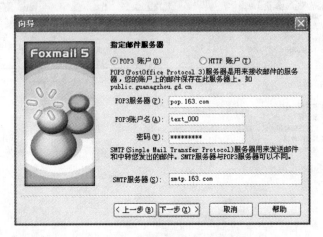

图 4-24　"指定邮件服务器"设置窗口

　　(4) 填写"POP3 服务器"、"POP3 账户名"、"密码"及"SMTP 服务器"

　　对于一些流行的免费邮箱,如 163、新浪等,Foxmail 会自动填写正确的 POP3 和 SMTP 服务器地址。如果服务器地址填写不正确,就不能正常收/发邮件,一般可以通过登录免费邮箱,在帮助中查找 POP3 和 SMTP 的信息。例如,网易对应邮件服务器地址为:

　　POP3 服务器为 pop.163.com。

　　SMTP 服务器为 smtp.163.com。

　　最后单击"下一步"按钮,在新的页面上单击"完成"按钮,结束邮箱设置。

13. Foxmail 的邮件收发

　　在收发邮件主界面中(如图 4-22 所示),选择相应的邮箱并打开(如 text_00),通过邮箱文件夹对邮件进行管理,基本操作通过工具栏按钮完成,具体操作如下。

　　(1) 撰写及发送邮件

　　单击"撰写"按钮,出现"写邮件"对话框(如图 4-25 所示),分别填写"收件人"地址(必填)、"抄送"地址(可选)和邮件的"主题"(可选),输入邮件的内容,如果要添加附件,可以单击"附件"按钮,在弹出的对话框中浏览、选择文件;也可以通过"插入"菜单插入图片等,设置邮件的个性化风格。全部完成后,单击"发送"按钮发送邮件。

　　(2) 接收、阅读邮件

　　单击"收取"按钮,接收的邮件都存放在"收件箱"中,可选择阅读。

　　(3) 回复、转发邮件

　　在"收件箱"中选择相应邮件,单击"回复"或"转发"按钮。

　　(4) 地址簿管理

　　单击"地址簿"按钮,可对常用的 E-mail 地址进行管理或进行添加新地址的操作等。

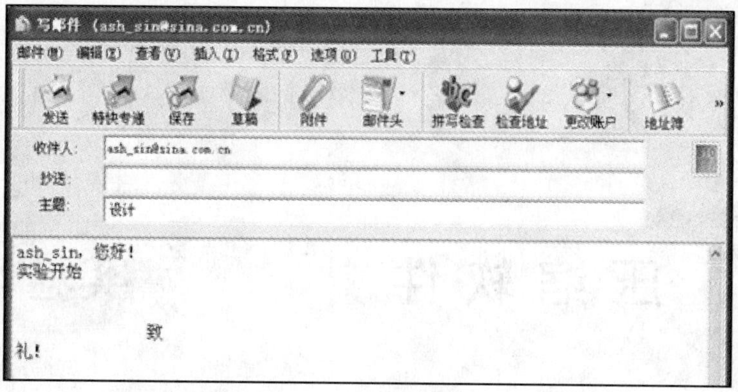
写邮件 (ash_sin@sina.com.cn)
邮件(M) 编辑(E) 查看(V) 插入(I) 格式(F) 选项(O) 工具(T)
发送
特快专递
保存
草稿
附件
邮件头
拼写检查
检查地址
更改账户
地址簿
收件人:
ash_sin@sina.com.cn
抄送:
主题:
设计
ash_sin，您好！
实验开始
致
礼！

图 4-25　“写邮件”对话框

压 缩 软 件　　实验 5

实验目标

(1) 掌握文件压缩的原理,了解关于 WinRAR 的相关背景知识。

(2) 掌握使用 WinRAR 压缩和解压文件的方法。

实验内容

(1) 使用 WinRAR 快速压缩文件。

(2) 将文件添加到压缩包,删除压缩包中的文件。

(3) 创建自解压文件。

(4) 为压缩文件添加密码。

(5) 解压缩文件。

实验操作

WinRAR 是目前网上非常流行的压缩工具之一,通常称为"压缩文件管理器",主要用于压缩文件的管理, 由 Eugene Roshal 开发,于 1993 年问世。WinRAR 采用了独创的压缩算法,因此比其他同类 PC 压缩工具拥有更高的压缩率。该软件主要用于备份数据、缩减电子邮件附件,解压从互联网上下载的压缩文件和新建压缩文件等。

1. 使用 WinRAR 快速压缩文件

(1) 通过资源管理器在计算机中找到文件夹"C:\用户\公用\公用文档",右击文件夹"公用文档",在快捷菜单中选择"属性"(如图 5-1 所示),在弹出的"公共文档属性"对话框的常规选项卡中能看到整个文件夹的大小为237KB(如图 5-2 所示)。

(2) 右击文件夹"公用文档",在快捷菜单中单击"添加到压缩文件",在弹出的对话框内输入"压缩文件名"为 Documents. rar,"压缩文件格式"为RAR,"压缩方式"为"标准"方式,单击"确定"按钮即可,也可以直接单击添加到 Documents. rar,则可在指定路径,即原文件夹所在位置找到压缩后的文件(如图 5-3、图 5-4、图 5-5 所示)。

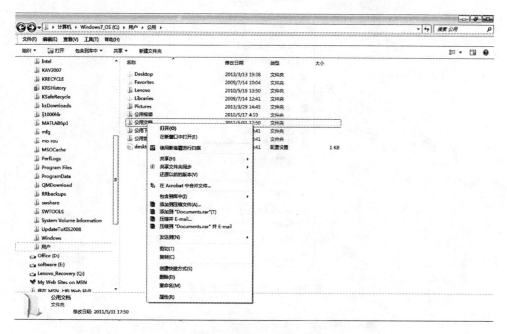

图 5-1　文件夹快捷菜单

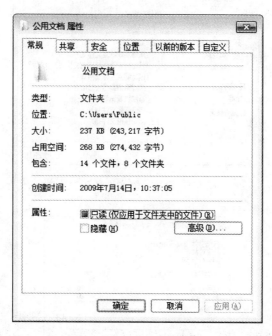

图 5-2　原始文件夹属性

计算机科学导论(第 2 版)实验指导

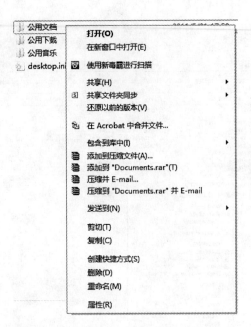

图 5-3　压缩文件快捷菜单

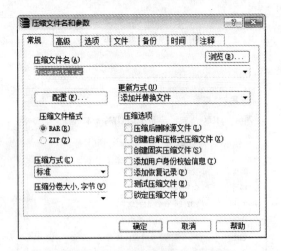

图 5-4　设置压缩文件名和参数

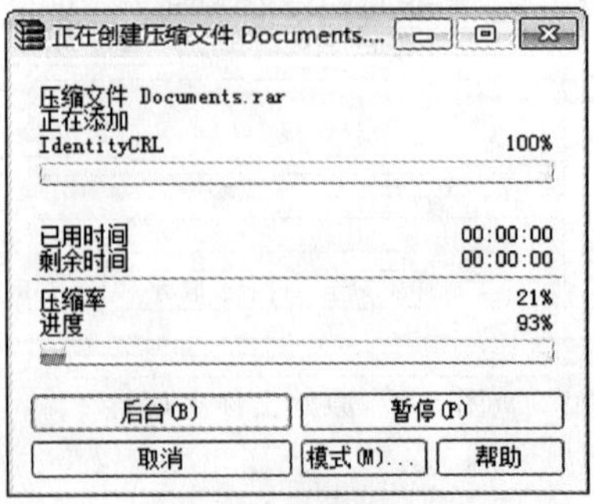

图 5-5　创建压缩文件

（3）在原文件夹所在位置找到压缩后的文件，查看文件的大小为57.8KB（如图 5-6、图 5-7 所示），比压缩前的文件小，压缩率较大。采用同样的方法，压缩一个由图片组成的文件夹，有时候压缩率可以达到 50%~60%。压缩率大小与被压缩文件的格式相关。

名称	修改日期	类型
Desktop	2013/3/13 19:38	文件夹
Documents - 副本	2013/3/29 15:21	文件夹
Favorites	2009/7/14 10:04	文件夹
Lenovo	2010/5/16 13:50	文件夹
Libraries	2009/7/14 12:41	文件夹
Pictures	2013/3/29 14:45	文件夹
Pictures - 副本	2013/3/29 15:22	文件夹
公用视频	2010/5/17 4:53	文件夹
公用文档	2013/3/29 15:22	文件夹
公用下载	2009/7/14 12:41	文件夹
公用音乐	2009/7/14 12:41	文件夹
desktop.ini	2009/7/14 12:41	配置设置
Documents.rar	2013/3/29 15:25	WinRAR 压缩文件

图 5-6　生成压缩文件

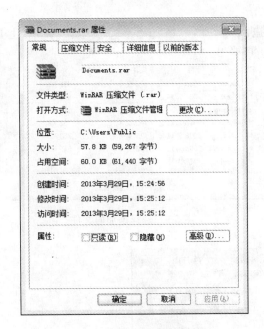

图 5-7　压缩后文件的属性

2. 压缩包内文件的添加与删除

（1）添加文件到压缩包

打开 Documents.rar（如图 5-8 所示），单击"添加"按钮，找到准备加入压缩包的文件，可用鼠标左键＋Ctrl 键任意选择多个文件，单击"确定"按钮（如图 5-9 所示）。

（2）压缩包中文件的删除

打开 Document.rar，双击文件夹 Documents，显示文件夹内容（如图 5-10 所示），任意选择准备删除的文件，可用鼠标左键＋Ctrl 键选择多个文件，单击工具栏上的"删除"按钮。在弹出的"删除"对话框中（如图 5-11 所示），单击"是"按钮。

计算机科学导论(第 2 版)实验指导

图 5-8　打开压缩文件

图 5-9　选择添加的文件

图 5-10　选择要删除的文件

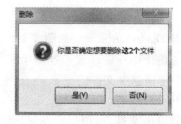

图 5-11　确认删除文件

3. 创建自解压文件

自解压文件是压缩文件的一种，它结合了可执行文件模块，使用非常方便。如果想在没有压缩程序的情况下解压文件，可以将文件压缩成自解压文件格式，也可以使用自解压来发布自己的软件。

(1) 在计算机中找到要压缩的文件夹"公用文档"，右击文件夹"公用文档"，在弹出的快捷菜单中选择"添加到压缩文件"命令。

(2) 弹出"压缩文件名和参数"对话框，在"压缩选项"组中，选中"创建自解压格式压缩文件"复选框，单击"确定"按钮(如图 5-12 所示)。

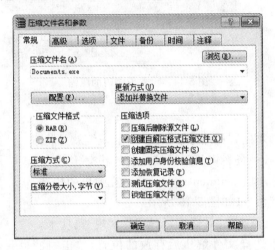

图 5-12　设置压缩文件名和参数

(3) 在原文件夹所在位置可以找到自解压压缩文件 Documents. exe(如图 5-13 所示)。

名称	修改日期	类型
Desktop	2013/3/13 19:38	文件夹
Documents - 副本	2013/3/29 15:21	文件夹
Favorites	2009/7/14 10:04	文件夹
Lenovo	2010/5/16 13:50	文件夹
Libraries	2009/7/14 12:41	文件夹
Pictures	2013/3/29 14:45	文件夹
Pictures - 副本	2013/3/29 15:22	文件夹
公用视频	2010/5/17 4:53	文件夹
公用文档	2013/3/29 15:22	文件夹
公用下载	2009/7/14 12:41	文件夹
公用音乐	2009/7/14 12:41	文件夹
desktop.ini	2009/7/14 12:41	配置设置
Documents.exe	2013/3/29 17:09	应用程序
Documents.rar	2013/3/29 15:25	WinRAR 压缩文件

图 5-13　生成的自解压文件

4. 用 WinRAR 加密压缩文件

右击"公用文档"文件夹，选择"添加到压缩文件"命令，在对话框中选择"高级"选项卡，设置压缩文件密码。当需要解压文件时，必须输入正确的密码，才能解压文件(如图 5-14 所示)。

计算机科学导论(第2版)实验指导

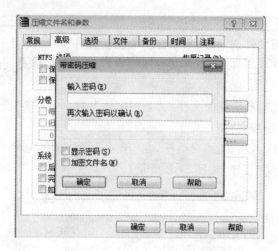

图 5-14　设置带密码的压缩

5. 解压缩文件

压缩文件下载后必须先解压缩才能够使用,解压缩就是将压缩过的文档、文件等各种资料恢复到压缩之前的状态。

(1) 右击压缩文件,即 Documents. rar 图标,在弹出的快捷菜单中选择"解压文件"命令(如图 5-15 所示)。

(2) 弹出"解压路径和选项"对话框,切换到"常规"选项卡,在"目标路径"对话框中选择文件解压后存放的位置,单击"确定"按钮(如图 5-16 所示)。

(3) 弹出"正在从 Documents. rar 中解压"对话框(如图 5-17 所示),并显示解压缩文件的进度。

(4) 在目标路径下可以找到解压后的文件夹及文件。

图 5-15　压缩文件的快捷菜单

图 5-16　解压路径和选项设置

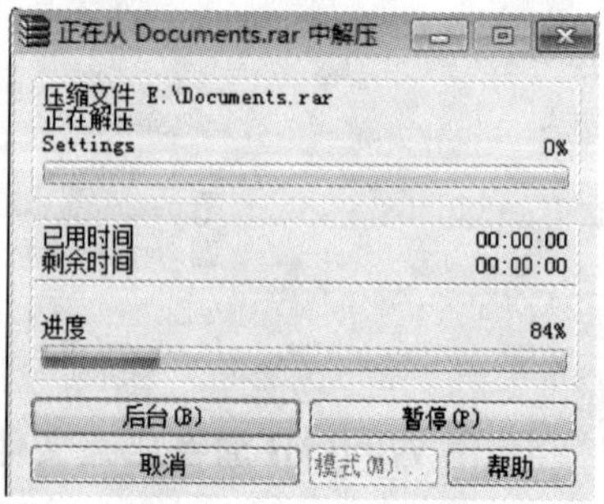

图 5-17　解压对话框

安全软件 实验 6

实验目标

(1) 了解关于安全软件的相关背景知识。

(2) 掌握使用 360 安全卫士保护计算机的方法。

实验内容

(1) 使用 360 进行计算机体检。

(2) 使用 360 查杀木马。

(3) 使用 360 完成计算机清理。

(4) 使用 360 优化开机速度。

实验操作

360 安全卫士是当前功能强、效果好、很受用户欢迎的上网常备安全软件。由于使用方便、用户口碑好,目前 4.2 亿中国网民中,首选安装 360 的已超过 3 亿。

360 安全卫士拥有查杀木马、清理插件、修复漏洞、计算机体检等多种功能,并独创了"木马防火墙"功能,依靠抢先侦测和云端鉴别,可全面、智能地拦截各类木马,保护用户的账号、隐私等重要信息。目前木马威胁之大已远超病毒,360 安全卫士运用云安全技术,在拦截和查杀木马的效果、速度以及专业性上表现出色,能有效防止个人数据和隐私被木马窃取,被誉为"防范木马的第一选择"。

360 安全卫士自身非常轻巧,同时还具备开机加速、垃圾清理等多种系统优化功能,可大大加快计算机运行速度,内含的 360 软件管家还可帮助用户轻松下载、升级和强力卸载各种应用软件。

1. 进行计算机体检

360 安全卫士的体检功能是非常全面的,可以检查系统存在的各种问题,包括木马、恶意插件、系统漏洞、系统垃圾、开机启动项等,在极短的时间里获得计算机使用状况的综合、准确的体检报告。当体检出问题以后,只要按一键修复,就可以很方便轻松地解决计算机里存在的问题。

360 的启动方式和其他 Windows 应用程序一样,启动后的界面如图 6-1 所示。

单击"电脑体检"按钮,即可进行计算机的各方面体检,体检结束后,将显示计算机体检分数及目前计算机的状态(如图 6-1 所示)。

图 6-1　计算机体检报告

2. 使用 360 查杀木马

木马是指通过入侵计算机、伺机盗取账号密码的恶意程序,它是计算机病毒中的一种特定类型。木马通常会自动运行,在用户登录游戏账号或其他(如网银、聊天)账号的过程中记录用户输入的账号和密码,并将窃取到的信息发送到黑客预先指定的信箱中。这将直接导致用户账号被盗用,账户中的虚拟财产被转移。360 安全卫士中木马可以使用以下三种方式来进行查杀(如图 6-2 所示),只需要单击相应按钮就能够根据需要的扫描方式完成木马的查杀。

(1) 快速扫描

这是三种扫描方式中速度最快的,只需短短 1~2 分钟时间,360 安全卫士就能对计算机中最容易受木马侵袭的关键位置进行扫描。

(2) 全盘扫描

这种扫描方式可以彻底检查系统,对系统中的每一个文件进行一遍彻底检查。花费的时间根据硬盘的大小以及文件的多少来决定,硬盘越大扫描花费的时间越长。

(3) 自定义扫描

这种扫描方式可以自定义扫描位置,只需在弹出的扫描位置选项框中勾选需要扫描的位置,再单击"开始扫描"按钮,即可按设置进行扫描,具体操作步骤如下。

① 单击"木马查杀"下的"自定义扫描"按钮(如图 6-2 所示),出现"360 木马云查杀"对话框(如图 6-3 所示)。

图 6-2 查杀木马

② 进行扫描区域设置，选中准备扫描的文件，单击"开始扫描"按钮（如图 6-3 所示）。

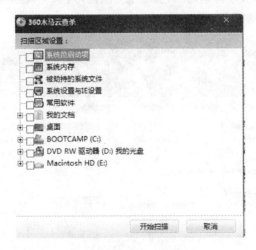

图 6-3 扫描区域设置

③ 进入"扫描文件"界面，显示扫描状态及扫描进度，完成扫描（如图 6-4 所示）。

3. 清理计算机

360 中的"电脑清理"主要是清理计算机中的一些垃圾文件，例如上网的缓存文件、系统的临时文件等，还可以清理用户使用计算机的痕迹，最大限度地提升用户的系统性能，为用户提供洁净、顺畅的系统环境，经常清理使用痕迹可以有效地保障用户的隐私安全。

计算机科学导论(第 2 版)实验指导

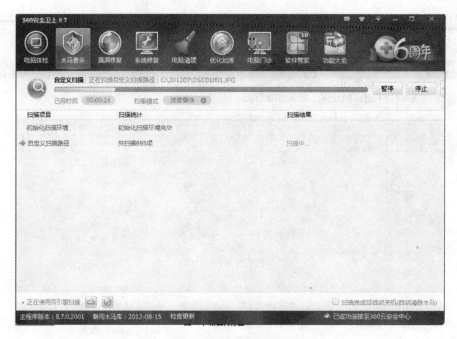

图 6-4　扫描状态及进度

（1）清理垃圾

① 单击"电脑清理"按钮，选择"清理垃圾"选项卡，在列表中选中准备清理的文件类型前的复选框（如图 6-5 所示），再单击"开始扫描"按钮，则系统开始查找能够清理的文件，并在完成查找后显示查找结果（如图 6-6 所示）。

图 6-5　选择要清理的文件类型

图 6-6 扫描结果

② 在扫描结果中单击"立即清理"按钮,系统则将刚才扫描得到的能够清理的文件进行清除,完成后显示清除结果。

(2) 清理痕迹

① 单击"电脑清理"按钮,选择"清理痕迹"选项卡,在列表中选中准备进行清理痕迹的项目(如图 6-7 所示),再单击"开始扫描"按钮,则系统开始查找能够清理的使用痕迹,并在完成查找后显示查找结果。

图 6-7 选择要清理痕迹的项目

② 在扫描结果中单击"立即清理"按钮,系统则将刚才扫描的能够清理的痕迹进行清理,完成后显示清理结果(如图 6-8 所示)。

图 6-8　痕迹清理结果

4．优化加速

当计算机使用一段时间后,由于产生过多的过程文件,会发现开机的速度越来越慢,使用 360 安全卫士可以对开机速度进行优化,步骤如下。

(1)单击"优化加速"按钮,系统将对计算机进行扫描,查找能够优化的项目,并在完成查找后显示查找结果(如图 6-9 所示)。

图 6-9　查找优化项目

(2)在"一键优化"选项卡中,根据需要选择在开机时禁止启动的项目,再单击"立即优化"按钮,就可以减少开机启动时执行的程序,提高开机速度。

信 息 检 索　　实验 7

实验目标

(1) 掌握在百度上信息检索的方法。

(2) 熟练运用期刊网的搜索功能。

实验内容

(1) 从网上检索有关"奥林匹克运动会"的相关信息。

(2) 浏览中国期刊网信息并查找文章。

(3) 利用中国期刊网提供的搜索功能查找一篇关于"电子商务"的硕士论文。

实验操作

1999 年底,身在美国硅谷的李彦宏看到了中国互联网及中文搜索引擎服务的巨大发展潜力,抱着技术改变世界的梦想,他毅然辞掉硅谷的高薪工作,携搜索引擎专利技术,于 2000 年在中关村创建了百度公司,从最初的不足 10 人发展到至今员工超过 17 000 人。如今的百度,已成为最受欢迎、影响力最大的中文网站,是全球最大的中文搜索引擎。

百度(www.baidu.com)从创立之初便将"让人们便捷地获取信息、找到所求"作为自己的使命。自成立以来,公司秉承"以用户为导向"的理念,不断坚持技术创新,致力于为用户提供"简单、可依赖"的互联网搜索产品及服务,包括提供网页、MP3、文档、地图、影视等多样化的搜索服务,并且推出了贴吧、知道等富有中国特色的互联网产品,全面覆盖了中文网络世界的搜索需求。根据第三方权威数据,百度在中国的搜索份额超过 80%。

百度拥有全球最大的中文网页库,每天处理来自一百多个国家的超过一亿人次的搜索请求。简单强大的搜索功能深受网民的信赖,每天有超过七万用户将百度设为首页。在信息过剩的时代 ,"百度一下"成为搜索的代名词。

百度为客户投放与网页内容相关的广告,从而实现盈利。百度于 2005 年 8 月 5 日在纳斯达克上市。

1. 百度搜索引擎

(1) 启动百度搜索引擎

启动 IE 9 浏览器,在浏览器窗口地址栏中输入网址"http://www.

计算机科学导论(第2版)实验指导

baidu.com",回车后进入百度搜索引擎主页面(如图7-1所示),在该页面中有用户常去的
网址(即我的网址)。

图7-1　百度搜索引擎主页面

（2）单关键词搜索

在搜索项文本框中,输入关键词"奥林匹克运动会",并单击"百度一下"按钮或直接按回
车键确定,则显示搜索结果(如图7-2所示)。

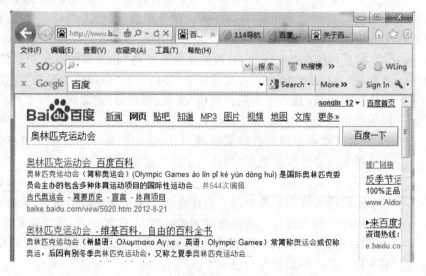

图7-2　搜索后显示的结果

（3）两个及两个以上关键词搜索

单关键词搜索返回的结果通常太多,难于找到自己所需要的信息,所以可以采用多关键

词搜索方法进行搜索,这里以搜索"现代奥林匹克运动会"为例,搜索方法有两种。

①　"现代"＋"奥林匹克运动会"

在搜索"奥林匹克运动会"的结果窗口中,单击最下方"百度一下"右方的"结果中找",将显示"结果中找"页面(如图 7-4 所示),在文本框中输入搜索项"现代",单击"结果中找"按钮,将显示进一步的检索结果(如图 7-5 所示)。

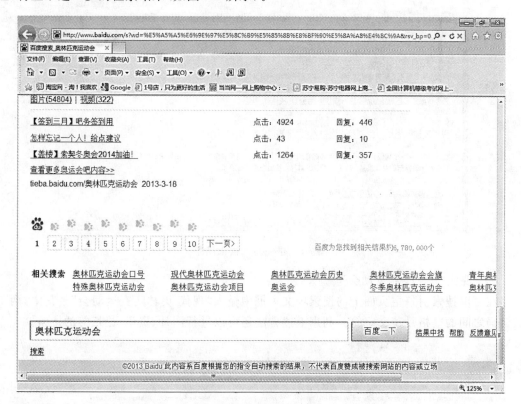

图 7-3　搜索结果的处理

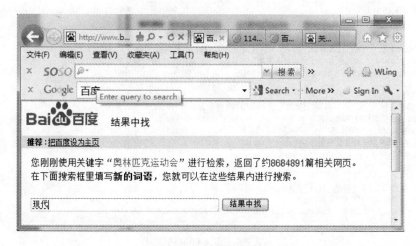

图 7-4　在结果中找

计算机科学导论（第 2 版）实验指导

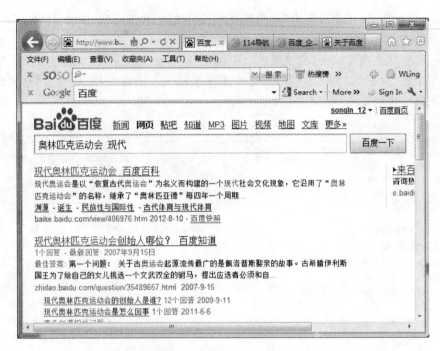

图 7-5　进一步的搜索结果

②"现代 奥林匹克运动会"

在百度搜索引擎主页面上的搜索项文本框中输入"现代 奥林匹克运动会"。其中,两个关键词之间的空格是英文字符。利用上述方法还可以进行图片、资讯、论坛等的搜索。

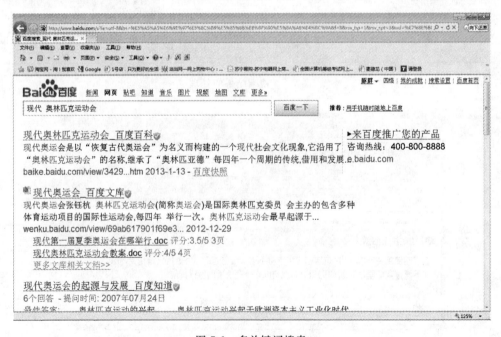

图 7-6　多关键词搜索

（4）搜索结果要求不包含某些特定信息

百度采用减号－表示逻辑"非"操作。例如，A－B 表示搜索包含 A 但不包含 B 的网页，其中－号是英文字符，与关键词之间不能有空格。如搜索"奥林匹克运动会"但不想包含"现代奥林匹克运动会"，则可输入搜索项"奥林匹克运动会－现代"。

（5）搜索结果中必须要有某一搜索关键词中的内容

百度采用加号＋表示在搜索结果中必须包含的词汇。例如，A＋B 表示搜索包含 A 而且必须包含关键词 B 的网页，其中＋号是英文字符，与关键词之间不能有空格。如搜索"奥林匹克运动会"的"乒乓球"项目情况，则可输入搜索项"奥林匹克运动会＋乒乓球"。

（6）搜索结果至少包含多个关键词中的任意一个

百度用大写的 OR 表示逻辑"或"操作。搜索 A OR B，表示搜索的网页中，要么有 A，要么有 B，要么同时有 A 和 B。注意，"或"操作必须用大写的 OR，而不是小写的 or。如搜索"夏奥会"和"冬奥会"的相关信息，可以输入搜索项"夏奥会 OR 冬奥会"。

（7）精确匹配(搜索整个短语或者句子)

百度的关键词如果是英文则可以是单个单词(字母之间没有空格)，也可以是短语(单词之间有空格)。注意，用短语做关键词，必须加英文引号，否则空格会被认为是多关键词搜索中的分割符。

精确匹配时常常使用两个特殊的符号，双引号和书名号。

① 双引号

如果输入的查询词很长，百度在经过分析后，给出的搜索结果中的查询词可能是拆分的。如果希望不拆分查询词，可以给查询词加上双引号。例如，搜索"南京理工大学"，如果不加双引号，就会按照"南"、"南京"、"理工"、"大学"等拆分后进行搜索，但加上双引号后，"南京理工大学"将作为一个整体进行搜索。如搜索项 nanjing university 不加双引号时，表示对两个关键词的搜索，其结果返回了约 2 786 386 篇相关网页；若添加双引号作为一个短语，则结果减少为 628 000。

② 书名号

加上书名号的查询词，有两层特殊功能，一是书名号会出现在搜索结果中；二是被书名号扩起来的内容，不会被拆分。书名号在某些情况下特别有效果，例如，查名字很通俗或常用的那些电影或者小说，如，查电影"手机"，在不加书名号时，搜索出来的大多是通信工具——手机，而加上书名号后，《手机》的搜索结果就都是关于电影的了。

（8）快速查找英文缩略词的全称或原文

查找 CEO 英文缩写的全称或原文，可输入"CEO 英文缩写"(输入时不含双引号，适用于大多数搜索引擎)，即可查找到相应的结果(如图 7-7 所示)。

（9）搜索带有关键词的特定类型的文件

filetype:是百度的一个搜索语法，即百度不仅能搜索一般的文字页面，还能对某些类型的文件进行检索，包括微软的 Office 文档。例如.xls，.ppt，.doc，.rtf，Word Perfect 文档，Lotus1-2-3 文档，Adobe 的.pdf 文档，Flash 动画的.swf 文档等。其中最实用的文档搜索是 PDF 搜索。PDF 是 Adobe 公司开发的电子文档格式，现在已经成为互联网的电子化出版标准。

例如，搜索带有"注册表"的 DOC 文件，可输入"注册表 filetype：doc"(输入时不含双引号)。

计算机科学导论(第2版)实验指导

图 7-7　查找英文原意

（10）对搜索的网站进行限制

site：表示搜索结果局限于某个具体网站或者网站频道，如"www. sina. com. cn"，或者是某个域名，如"com. cn"等。如果是要排除某网站或者域名范围内的页面，只需用"-网站/域名"即可。例如输入"计算机学院 site：www. njust. edu. cn"，其意义是在指定的网站"www. njust. edu. cn"上搜索有关"计算机学院"的信息。

（11）搜索的关键词包含在网页标题中

直接通过标题搜索往往能获得最佳效果，intitle 就是对网页的标题栏进行查询。网页标题，就是 HTML 标记语言<title>与<title>之间的部分。网页设计的一个原则就是要把主页的关键内容用简洁的语言表示在网页标题中。因此，只查询标题栏，通常也可以找到高相关率的专题页面。例如，搜索奥林匹克运动会的相关信息，可输入"intitle：奥林匹克运动会"。

2. 浏览中国期刊网信息

国家知识基础设施（National Knowledge Infrastructure，NKI）概念由世界银行于 1998 年提出。CNKI 工程是以实现全社会知识资源传播共享与增值利用为目标的信息化建设项目，由清华大学、清华同方发起，始建于 1999 年 6 月。在党和国家领导以及教育部、中宣部、科技部、新闻出版总署、国家版权局、国家计委的大力支持下，在全国学术界、教育界、出版界、图书情报界等社会各界的密切配合和清华大学的直接领导下，CNKI 工程集团经过多年努力，采用自主开发并具有国际领先水平的数字图书馆技术，建成了世界上全文信息量规模最大的"CNKI 数字图书馆"，并正式启动建设《中国知识资源总库》及 CNKI 网络资源共享平台，通过产业化运作，为全社会知识资源高效共享提供最丰富的知识信息资源和最有效的知识传播与数字化学习平台即中国知网。

CNKI 工程的具体目标，一是大规模集成整合知识信息资源，整体提高资源的综合和增值利用价值；二是建设知识资源互联网传播扩散与增值服务平台，为全社会提供资源共享、数字化学习、知识创新信息化条件；三是建设知识资源的深度开发利用平台，为社会各方面提供知识管理与知识服务的信息化手段；四是为知识资源生产出版部门创造互联网出版发行的市场环境与商业机制，大力促进文化出版事业、产业的现代化建设与跨越式发展。

中国知网的服务内容包括以下几方面。

（1）中国知识资源总库

提供 CNKI 源数据库、外文类、工业类、农业类、医药卫生类、经济类和教育类多种数据库。其中综合性数据库为中国期刊全文数据库、中国博士学位论文数据库、中国优秀硕士学位论文全文数据库、中国重要报纸全文数据库和中国重要会议论文全文数据库。每个数据库都提供初级检索、高级检索和专业检索三种检索功能，高级检索功能最常用。

（2）数字出版平台

数字出版平台是国家"十一五"重点出版工程。数字出版平台提供学科专业数字图书馆和行业图书馆。个性化服务平台由个人数字图书馆、机构数字图书馆、数字化学习平台等组成。

（3）文献数据评价

2010 年推出的《中国学术期刊影响因子年报》在全面研究学术期刊、博硕士学位论文、会议论文等各类文献对学术期刊文献的引证规律的基础上，研制者首次提出了一套全新的期刊影响因子指标体系，并制定了我国第一个公开的期刊评价指标统计标准。

（4）知识检索

提供精确完整的搜索结果、独具特色的文献排序与聚类。

利用中国知网进行检索的方法如下。

① 中国知网的启动

启动 IE 9 浏览器，在地址栏输入"http://www.cnki.net"网址，回车进入中国知网网站主页（如图 7-8 所示）。

图 7-8　中国知网主界面

② 选择感兴趣的内容进入，浏览需求信息

主页面信息很多，如单击“中国学术期刊网络出版总库”，进入期刊网页面(如图 7-9 所示)，通过设定输入检索控制条件(期刊年限：从 2010 年到 2012 年，来源期刊：软件学报)和输入内容检索条件(主题：数据挖掘)找到相关文献(如图 7-10 所示)。

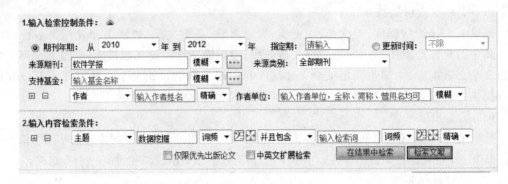

图 7-9　输入检索条件

文献排序浏览：发表时间 相关度 被引频次 下载频次　　列表显示　每页记录数：10 20 50

找到 9 条结果 共1页　　全选 清除 存盘 定制

序号	篇名	作者	刊名	年期	被引频次	下载频次
1	快速统一挖掘超团模式和极大超团模式	肖波;张亮;徐前方;蔺志青;郭军	软件学报	2010/04	2	166
2	在不确定数据集上挖掘优化的概率干预策略	王悦;唐常杰;杨宁;张悦;李红军;郑皎凌;朱军	软件学报	2011/02	2	242
3	从图数据库中挖掘频繁跳跃模式	刘勇;李建中;高宏	软件学报	2010/10	2	180
4	复杂分布数据的二阶段聚类算法	公茂果;王爽;马萌;曹宇;焦李成;马文萍	软件学报	2011/11		182
5	带学习的同步隐私保护频繁模式挖掘 优先出版	郭宇红;童云海;唐世渭;吴冷冬	软件学报	2011/08		214
6	一种结合主动学习的半监督文档聚类算法	赵卫中;马慧芳;李志清;史忠植	软件学报	2012/06		26
7	基于FP-Tree的快速选择性集成算法	赵强利;蒋艳凰;徐明	软件学报	2011/04	2	131
8	基于重构权的离群点检测方法	王靖	软件学报	2011/07	1	114
9	一种多到一子图同构检测方法	张硕;李建中;高宏;邹兆年	软件学报	2010/03	2	143

找到 9 条结果 共1页　　全选 清除 存盘 定制

图 7-10　期刊搜索结果

③ 从结果中选择感兴趣的文章

利用检索查找到相关文档后，在期刊搜索结果中选择指定文章，如“复杂分布数据的二阶段聚类算法”(如图 7-10 所示)，单击打开，得到关于该文章的基本介绍(如图 7-11 所示)。如果要得到全文，则需在主页面(如图 7-8 所示)上输入用户名以及密码登录，按 CAJ、PDF 格式进行下载。

文章基本介绍下方还列出了 5 类文献。

➢ 参考文献：反映本文研究工作的背景和依据。

复杂分布数据的二阶段聚类算法
Two-Phase Clustering Algorithm for Complex Distributed Data

软件学报 , Journal of Software,
编辑部邮箱 , 2011年
11期
[给本刊投稿]

【作者】公茂果；王爽；马萌；曹宇；焦李成；马文萍；

【Author】 GONG Mao-Guo1,2,WANG Shuang1,2,MA Meng1,2,CAO Yu1,2,JIAO Li-Cheng1,2,MA Wen-Ping1,2 1 (Key Laboratory of Intelligent Perception and Image Understanding of the Ministry of Education,Xidian University, Xi'an 710071,China) 2(Institute of Intelligent Information Processing,Xidian University,Xi'an 710071,China)

【机构】西安电子科技大学智能感知与图像理解教育部重点实验室；　西安电子科技大学智能信息处理研究所；

【摘要】提出了一种用于复杂分布数据的二阶段聚类算法(two-phase clustering,简称TPC),TPC包含两个阶段:首先将数据划分为若干个球形分布的子类,每一个子类用其聚类中心代表该类内的所有样本.然后利用可以处理复杂分布数据的流形进化聚类(manifold evolutionary clustering,简称MEC)对第1阶段得到的聚类中心进行类别划分.最后综合两次聚类结果整理得到最终聚类结果.该算法基于改进的K-均值算法和MEC算法,在进化聚类算法的基础上引入流形距离,使得算法能够胜任复杂分布的数据聚类问题.同时,算法降低了引入流形距离所带来的计算量.在分布各异的7个人工数据集和7个UCI数据集测试了二阶段聚类算法,并将其效果与遗传聚类算法、K均值算法和流形进化聚类算法做了比较.实验结果表明,无论对于简单或复杂、凸或非凸的数据,TPC都表现出良好的聚类性能,并且计算时间与MEC相比显著减少.

【Abstract】 In this paper,a Two-Phase Clustering(TPC) for the data sets with complex distribution is proposed. TPC contains two phases.First,the data set is partitioned into some sub-clusters with spherical distribution,and each clustering center represents all the members of its corresponding cluster.Then,by utilizing the outstanding clustering performance of the Manifold Evolutionary Clustering(MEC) for acomplex distributed data,the clustering centers obtained in the first phase are clustered.Finally,based... 更多

【关键词】数据挖掘；聚类；K-均值算法；进化算法；流形；
【Key words】 data mining； clustering； K-means algorithm； evolutionary algorithm； manifold；
【基金】国家高技术研究发展计划(863)(2009AA12Z210);新世纪优秀人才支持计划(NCET-08-0811);陕西省科技新星支持计划(2010KJXX-03);中央高校基本科研业务费重点项目(K50510020001)

arch.aspx?dbcode=CJFQ&sfield=kw&skey=K-%e5%9d%87%e5%80%bc%e...

图 7-11　选中的文章简介

➤ 相似文献：与本文内容上较为接近的文献。

➤ 同行关注文献：与本文同时被多数读者关注的文献。同行关注较多的一批文献具有科学研究上的较强关联性。

➤ 相关作者文献。

➤ 相关机构文献。

④ 搜索一篇有关"电子商务"的硕士论文

打开中国知网网站，在主页上单击"硕士论文特刊"按钮，在"输入内容检索条件"一栏中输入关键检索词"电子商务"。确认后自动搜索符合条件的硕士论文（如图 7-12 所示），根据标题选择自己需要的论文。

⑤ 使用 CNKI 搜索

在主页面（如图 7-8 所示）上单击"CNKI 搜索"，进入搜索界面，先选择搜索类型，可以是期刊、学位论文、会议论文、报纸、专利、标准、图书以及科研项目等。选中"学位论文"选项卡，在文本框中输入关键词"电子商务"（如图 7-13 所示）。单击"检索"按钮，显示搜索结果（如图 7-14 所示），包括论文作者、文献来源、摘要等，在数据来源中可以选择需要的是博士论文还是硕士论文，再进一步选择自己需要的论文。

1.输入检索控制条件: ▼

学位年度: 从 不限 ▼ 到 不限 ▼ 更新时间: 不限 ▼
学位单位: 请输入学位授予单位名称 模糊 ▼ 优秀论文级别: 不限 ▼
支持基金: 输入基金名称 模糊 ▼ ...
⊞ ⊟ 作者 ▼ 模糊 ▼ 作者单位: 模糊 ▼

2.输入内容检索条件:

⊞ ⊟ 主题 ▼ 电子商务 词频 ▼ 并且包含 ▼ 输入检索词 词频 ▼ 精确 ▼

在结果中检索 检索文献 ☑ 中英文扩展检索

☞ 定制本次检索式

3.您可以按如下文献分组排序方式选择文献:(分组只对前4万条记录分组,排序只在800万条记录以内有效)

文献分组浏览: 学科类别 学位授予单位 研究资助基金 导师 学科专业 研究层次 中文关键词 学位年度 不分组

文献排序浏览: 发表时间 相关度 被引频次 下载频次 学位授予年度   列表显示 ▼ 每页记录数: 10 20 50

找到 5,796 条结果 共290页   1 2 3 4 5 6 7 8 9 后页   全选 清除 存盘 定制

序号	中文题名	作者姓名	学位授予单位	学位授予年度	被引频次	下载频次
☐ 1	跨境电子商务税收征管法律问题研究	游玲	西南财经大学	2008年		74
☐ 2	客户服务导向的企业内外部电子商务能力与绩效的关系研究	刘谆	中国地质大学	2010年		123
☐ 3	银行电子商务信息披露法律规制研究	黄艳	西南财经大学	2011年		
☐ 4	电子商务环境下中国中小企业对外贸易问题研究	闫翠萍	东北财经大学	2010年		1413

图 7-12 显示搜索结果

图 7-13 CNKI 搜索

⑥ 使用高级检索

　　系统还提供了"高级检索",在搜索主页面(如图 7-13 所示)单击"高级检索"按钮,显示"高级检索"对话框(如图 7-15 所示)。在高级检索中可以填写相关的检索限制,限定检索信息的范围,输入相关信息,如题名、论文作者、作者单位、发表时间、文献出版来源等,然后单击"检索"按钮,显示结果。

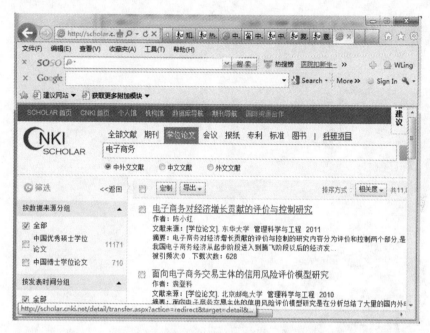

图 7-14　搜索结果

图 7-15　CNKI 高级搜索

PART 3

办公软件的使用

办公软件指可以进行文字编辑、表格处理、幻灯片制作等方面工作的软件,包括微软 Office 系列、金山 WPS 系列等。目前办公软件的应用范围很广,大到社会统计,小到会议记录,数字化的办公都离不开办公软件的协助。目前办公软件朝着操作简单化、功能细化等方向发展。

Microsoft Office 是目前公认的优秀桌面办公软件之一,它适用于文字排版与编辑、电子表格处理与计算、演示文稿制作等方面的工作,还能够帮助用户更好地使用文档,与其他用户之间进行通信和信息共享,从而提高工作效率。

Microsoft Office 2010 主要包括 Word 2010、Excel 2010 和 PowerPoint 2010 等几个常用组件。Office 2010 的主要特点有以下几点。

(1) 管理中心,彰显便捷本色

在 Office 2010 功能区中,通过"文件"主选项卡,可进入 Office 管理中心,不但能实现菜单中的所有功能,而且还可轻松实现文档打印、信息查看和文档共享等功能。

(2) 查找导航,体现人本理念

Office 2010 的"查找"功能通过文档左侧的"导航"页面接收关键词,查找后在导航栏里显示搜索结果的统计和关键词所在位置的上下文,通过浏览并单击这些上下文,可快速定位到相应的关键词,同时将文档中所有查找到的关键词高亮显示,方便用户查看。

(3) 截图编辑,蕴含实用体贴

Office 2010 内置截图功能,方便用户插入编辑对象中。此外,在图片的编辑方面增加了"锐化"、"模糊"以及"图片特效"、"抠图"等以前专业图片处理工具才有的功能。

(4) 内容粘贴,即时选择并预览

Office 2010 的"粘贴选项"被集成在了右键菜单中,同时提供"保留源格式"、"合并格式"、"使用目标主题"和"只保留文本"等粘贴格式。在选择的同时,相应的粘贴效果将实时显示在文档中,以确认选择的格式是否正确。

综上所述,Office 2010 带来了更加人性化的操作方式,无论从管理方式、文档处理操作方式以及对图片的处理方式上都体现出更加实用与快捷的功能。

Word 2010 文字处理　实验 8

实验目标

（1）掌握文档与文本的基本操作方法，包括文档的创建、打开、保存与关闭及文字的输入和编辑。

（2）掌握页面设置方法，包括页眉与页脚、页边距、纸型、版式、文档网格和页码的设置。

（3）掌握文档的基本排版方法，包括文字、段落的格式设置，首字下沉，边框，底纹，分栏及页面设置。

（4）掌握表格的基本处理方法，包括表格的创建、内容编辑、计算及其格式设置。

（5）掌握图文混排的基本操作方法，包括图片、艺术字、文本框的插入、编辑及其格式的设置。

（6）掌握公式编辑器的基本使用方法，包括公式的插入、编辑与修改。

（7）熟悉文档的其他编辑，包括脚注、尾注、目录的生成等。

实验内容

将实验素材中"Word"下的文件复制在"D：\Word"下，参考样张（如图 8-1 所示）进行编辑排版操作。

实验操作

1. 文档的基本操作

（1）启动 Microsoft Word 2010

在桌面环境下，单击"开始"→"所有程序"→Microsoft Office→Microsoft Office Word 2010，打开 Microsoft Word 2010 应用程序窗口（如图 8-2 所示），系统默认创建一个空白文档，文件名为"文档 1"。

（2）熟悉 Microsoft Word 2010 环境

Microsoft Office Word 2010 的界面（如图 8-2 所示）和其他 Windows 应用程序的界面大致相同，有以下几个常用部分。

① 标题栏：和一般的 Windows 应用程序一样，标题栏显示正在编辑文

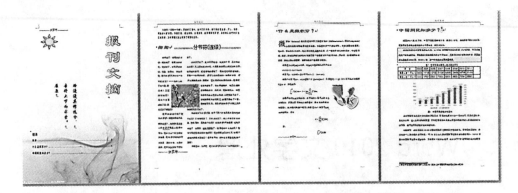

图 8-1 样张

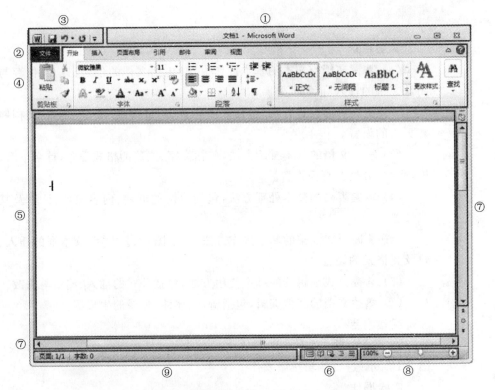

图 8-2 Microsoft Office Word 2010 界面

档的文件名以及所使用的软件名。

　　② 后台视图 Backstage：单击"文件"显示 Backstage 视图（如图 8-3 所示），基本命令（如"新建"、"打开"、"关闭"、"另存为"和"打印"等）都放置在这里。

　　③ 快速访问工具栏：保存一些常用命令，例如"保存"和"撤销"，以及自行添加的个人常用命令等。

　　④ 功能区："功能区"是水平区域，用于执行各种命令，取代先前的下拉菜单和工具栏。它由选项卡、组和命令三个部分组成（如图 8-4 所示），即将工作所需的命令进行分组，位于相应的选项卡中，如"开始"和"插入"，通过单击选项卡可以切换显示相应的命令集。

　　➤ 选项卡：横跨功能区的顶端。每个选项卡里集成了程序中可以执行的相关核心

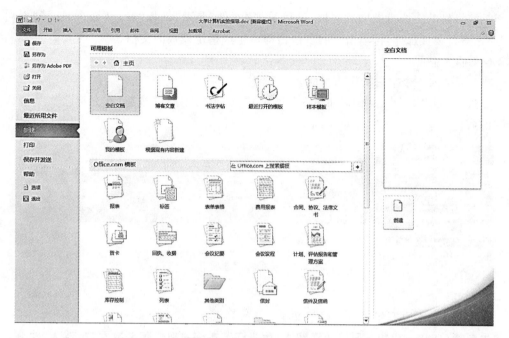

图 8-3 后台视图 Backstage

图 8-4 功能区的组成

任务。

➤ 组：是一组相关的命令。它们以直观的形式显示相关命令，可随时单击访问，并提供非常直观的帮助。

➤ 命令：按组排列。命令可以是按钮、菜单或用于输入信息的文本框。

⑤ "编辑"窗口：显示正在编辑的文档。

⑥ "视图选择"按钮：可用于切换正在编辑的文档的显示模式。

⑦ 滚动条：可用于改变正在编辑文档的显示位置。

⑧ 缩放滑块：可用于修改正在编辑文档的显示比例。

⑨ 状态栏：显示正在编辑的文档的相关信息。

（3）新建文件

要求：建立一个新的空白文件。

方法：打开 Microsoft Word 2010 应用程序时，系统自动生成一个空白文档。如果需要使用系统提供的文档模板生成文档,可以单击"文件"菜单,选择"新建"命令,选择"空白文档"或先进行模板选择,再单击"创建"按钮即可生成指定模板的文档。

(4) 插入空页

要求:插入一个空白页作为封面。

方法:单击"插入"选项卡(如图 8-5 所示)"页"组的"分页"按钮,在光标位置处插入一个空白页。

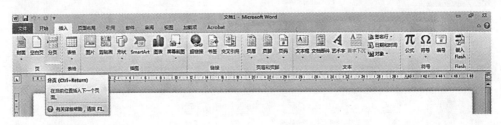

图 8-5　"插入"选项卡

(5) 文字录入

要求:在第 2 页开始处输入以下文字。

朱自清(1898—1948),原籍浙江绍兴,生于江苏东海;现代著名散文家、诗人、学者;其散文朴素缜密,清隽沉郁、语言洗练,文笔清丽,极富有真情实感,朱自清以其独特的美文艺术风格,为中国现代散文增添了瑰丽的色彩。

方法:光标移至第 2 页开始,采用 Ctrl+Shift 组合键选择一种中文输入方式,录入上述文字。

(6) 插入文件

要求:将 D 盘 Word 文件夹中的文件"匆匆.docx"、"什么是微积分.docx"和"中国网民知多少?.docx"三篇文章分 3 页,添加到正在编辑的文件中。

方法:

① 在已录入文字后按 Enter 键,单击"插入"选项卡(如图 8-6 所示)"文本"组"对象"旁边的小三角形按钮。

② 在弹出的菜单中选择"文件中的文字"。

③ 在插入文件窗口浏览到要插入的文件所在位置,单击"插入"按钮。

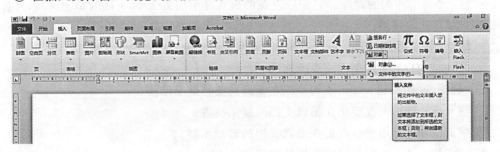

图 8-6　"插入"文本对象

④ 利用"插入"选项卡"页"组中的"分页"按钮,插入分页。

按上述方法,在第 3、第 4 页插入文件"D:\Word\什么是微积分.docx"和"d:\Word\中国网民知多少?.docx"中的文字。

(7) 插入其他字符(自行练习)

要插入特殊字符时,可利用"插入"选项卡中"符号"组的"符号"或"编号"命令,选择适当字符。要大量使用大写或其他形式数字,可先输入阿拉伯数字,选中后利用"编号"命令,在对话框中选择要转换的数字形式。例如先输入 12345,选中 12345,单击"插入"选项卡"文本"组中的"编号",在对话框的编号类型中选择"壹、贰、叁、…",单击"确定"按钮即可进行数字大小写的转换。

(8) 文档显示

编辑过程中常常需要查看文档编辑情况,Word 2010 提供了多种查看方式,主要有以下几种。

① 视图方式:单击窗口右下角的视图选择按钮 ▤ 、▥ 、▤ 、▤ 、▤ 或单击"视图"选项卡(如图 8-7 所示)中的"页面视图"、"阅读版式视图"、"Web 版式视图"、"大纲视图"或"草稿"等 5 种选择,可显示页面视图、阅读版式视图、Web 版式视图、大纲视图或草稿视图的效果。

图 8-7 "视图"选项卡

② 多窗口方式:单击"视图"选项卡中"窗口"组的"拆分",可将同文档的内容分别显示在两个窗口中,以便于对长文章的处理;"全部重排"可将多文档窗口同时排列。

③ 调整文档显示比例:针对不同需要,通过单击"视图"选项卡"显示比例"组中的"显示比例",可以在对话框中选择不同显示比例查看文档(如图 8-8 所示),也可直接拖动右下角的滑块 148% ⊝━━━━━▽━━━━⊕ 直接察看显示效果。

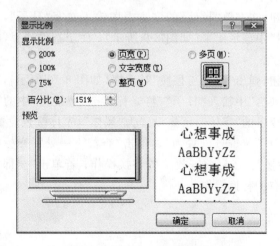

图 8-8 "显示比例"对话框

(9) 保存文档

要求：将编辑好的文件存入 D 盘 Word 文件夹，文件名为"报刊文摘.docx"。

方法：单击快速访问工具栏按钮 ，或单击文件选择"保存"或"另存为"，将文档保存到"D:\Word"文件夹下，文件名为"报刊文摘.docx"。

(10) 关闭文档

要求：关闭保存后的"报刊文摘.docx"文件，并退出 Word 2010 系统。

方法：单击窗口按钮 关闭文件退出系统，也可分别采用"文件"菜单中的"关闭"和"退出"命令关闭所编辑的文档，退出 Word 2010。

2. 文字编辑基本操作

(1) 打开文档

要求：打开存储在磁盘上的"报刊文摘.docx"文件。

方法：单击"文件"菜单中的"打开"命令，在弹出的对话框中，选择 D 盘 Word 文件夹下的"报刊文摘.docx"文件，单击"打开"按钮；也可以单击"文件"菜单中的"最近所用文件"命令，在子菜单中选择"报刊文摘.docx"文件。

(2) 文字编辑

要求：按样例在第 3 页添加标题"什么是微积分?"，在第 4 页添加标题"中国网民知多少?"，并将第 2 页正文中所有的"日子"设置成蓝色、黑体、斜体、加粗、加着重号。

方法：

① 插入标题文字：将光标移至第 3 页起始位置，添加标题"什么是微积分"，按 Enter 键；同样在第 4 页开始处添加标题"中国网民知多少?"

② 删除文字：若文字有错，可直接选中文字后，按 Del 键或 Backspace 键。

③ 复制与粘贴：以复制第 2 段为例，按住鼠标左键，拖动鼠标选择第 2 段，右击选择"复制"(或单击)，光标移至第 2 段起始位置，单击 。

④ 剪切：以剪切第 2 段为例，选中第 2 段文字，右击选择"剪切"(或单击)。

⑤ 查找和替换：两个命令均在"开始"选项卡"编辑"组中。

➤ 单击"查找"按钮，在左侧"导航"的文本框中输入文字"日子"，查找结果及每处的上下文都在导航栏中显示出来(如图 8-9 所示)，便于查看选择，同时在正文中高亮显示查找到的文字。

➤ 单击"替换"按钮，弹出"查找与替换"对话框(如图 8-10 所示)，在"查找内容"中输入"日子"，在"替换为"中输入"日子"，将光标移至"替换为"中的"日子"，单击"更多"，选择"格式"命令下的"字体"，字体设置为"黑体"，字体颜色设置为"蓝色"，字形设置为"加粗"、"倾斜"，着重号设置为 . 。单击"查找下一处"，光标将移至查找到的相应文本；单击"替换"完成目前查找项的替换操作；若单击"全部替换"按钮，可一次性完成全文中所有的替换操作。

3. 格式设置

(1) 页面设置

要求：文档版面设置为 A4 纸，页边距的上、下、左为 2.5 厘米、右为 2 厘米、页眉 2 厘米，每页 39 行，每行 42 个字符。

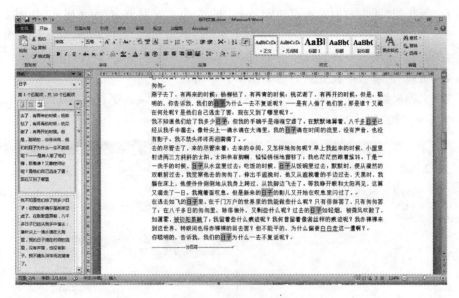

图 8-9　"查找"窗口

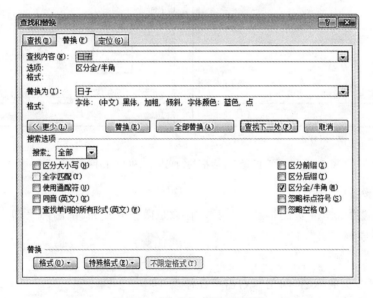

图 8-10　"查找与替换"对话框

方法：

① 单击"页面布局"选项卡（如图 8-11 所示），一些基本的设置以命令按钮的形式在"页面设置"组中显示，如果需要更详细的设置，可单击弹出"页面设置"组的右下角按钮，会弹出"页面设置"对话框[如图 8-12(a)所示]。

图 8-11　"页面布局"选项卡

② 在"页边距"选项卡中设置页边距的上、下、左为 2.5 厘米,右为 2 厘米,如图 8-12(a)所示。

③ 在"纸张"选项卡中设置纸型为 A4。

④ 在"版式"选项卡中设置页眉为 2 厘米。

⑤ 在"文档网格"选项卡中选择"指定行和字符网格",设置字符数"每行"42,行数"每页"39,如图 8-12(b)所示。

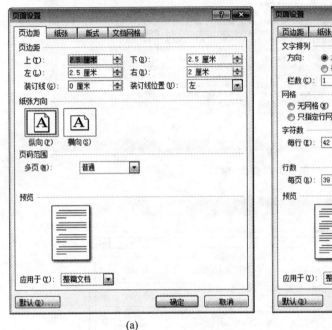
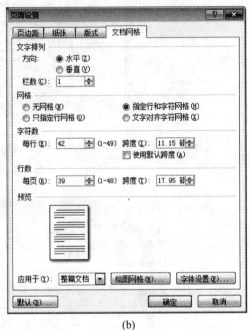

(a)　　　　　　　　　　(b)

图 8-12 "页面设置"对话框的"页边距"和"文档网格"选项卡

(2)字体设置

要求:设置第 2、3、4 页的标题"匆匆"、"什么是微积分?"和"中国网民知多少?"为红色、隶书、加粗、一号。

方法:

① 选中第 2 页的标题"匆匆",右击可在浮动工具栏　　　　　　　　上选择设置字体为红色、隶书、加粗、一号。

② 选中第 3 页的标题"什么是微积分?",在"开始"选项卡(如图 8-13 所示)"字体"组中选择字体设置下拉菜单 宋体　　　　　和字号设置下拉菜单 五号　　　中进行选择。

图 8-13 "开始"选项卡

③ 选中第 4 页的标题"中国网民知多少?",单击"开始"选项卡中"字体"组右下角的字体设置按钮,在弹出的"字体"对话框(如图 8-14 所示)中对字体的属性进行选择、设置。

图 8-14　"字体"对话框

另外,可以通过下拉菜单选择线型添加下划线;选择"字符间距"和"文字效果"选项卡,设置字符间距、字符缩放及动态效果(自行练习)。

(3) 段落设置

要求:将 3 个标题设置为左对齐,其余正文除第 3 页第一段"微积分……"外,均设置为首行缩进 2 个字符、1.5 倍行距,第 4 页的图及图标题设置为居中。

方法:

分别选中 3 个标题,单击"开始"选项卡中"段落"组中的按钮 将标题设为"左对齐";利用 Ctrl 键选中需设置的正文段落,单击"段落"组右下角的按钮,弹出"段落"设置对话框(如图 8-15 所示),设置首行缩进,磅值为 2 个字符,1.5 倍行距(行距也可通过单击"开始"选项卡"段落"组中的 ,在下拉菜单中进行选择)。

同样将第 4 页的图及图标题作居中设置。

(4) 页眉和页脚设置

要求:除首页外为各页添加页眉"报刊文摘",字体为楷书、五号;页脚添加页码,居中显示。

方法:

① 将光标移回至第 2 页任意位置,单击"插入"选项卡"页眉和页脚"组中的"页眉"下拉菜单,选择"编辑页眉",然后在"页眉页脚工具""设计"选项卡(如图 8-16 所示)的"选项"组中选择"首页不同"。

② 在页眉光标处输入"报刊文摘"。

③ 选中文字,右击浮动工具栏将文字设为楷体、五号。

计算机科学导论(第 2 版)实验指导

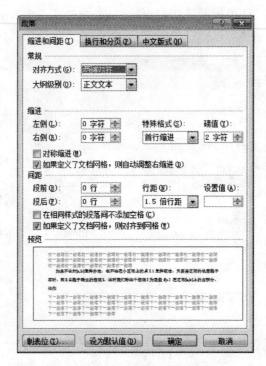

图 8-15　"段落"对话框

图 8-16　"页眉页脚工具"中的"设计"选项卡

④ 单击"页眉和页脚"组中的"页码"下拉菜单,选择"页面底端"中的"简单"、"普通数字2",插入页码。

若有特殊需要可以在下拉菜单中选择"设置页码格式"进行页码设置(如图 8-17 所示)。

图 8-17　"页码格式"对话框

（5）特殊格式设置

① 分栏

要求：将第 2 页《匆匆》正文，设置成两栏偏左，无分隔线。

方法：选择第 2 页《匆匆》正文（注意正文后留一个空行），单击"页面布局"选项卡中"页面设置"组的"分栏"按钮，选择"偏左"命令（如图 8-18 所示），如果需要添加分隔线则选择"更多分栏"命令，在"分栏"对话框中进行设置（如图 8-19 所示）。

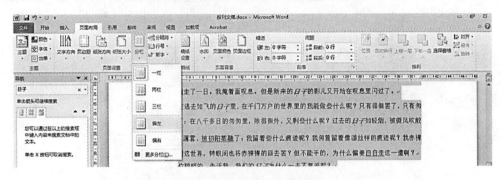

图 8-18　"分栏"菜单选择

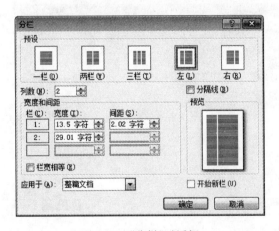

图 8-19　"分栏"对话框

② 首字下沉

要求：将第 3 页正文第 1 段"微积分……方法。"首字设为楷体、下沉 2 行。

方法：单击第 3 页"微积分……"一段中任意位置，单击"插入"选项卡中"文本"中的"首字下沉"，显示下拉菜单，选择"首字下沉"对话框（如图 8-20 所示），选择"下沉"、设置字体为"楷体"、下沉行数为"2 行"（若设置"首字下沉"为"3 行宋体"，也可直接单击下拉菜单中的"下沉"命令）。

③ 边框和底纹

要求：对第 4 页正文第 2 段"总结……迹象。"添加 1.5 磅宽的红色边框及 10％的底纹。

图 8-20　"首字下沉"对话框

计算机科学导论(第2版)实验指导

方法：将光标移至第4页第2段"总结……迹象。"中的任意位置，单击"开始"选项卡"段落"组中的 ▦▾ 按钮，选择"边框与底纹"命令。在"边框"选项卡中，"设置"选择"方框"、"颜色"选择"红色"、"宽度"选择"1.5磅"、"应用于"选择"段落"[如图8-21(a)所示]；在"底纹"选项卡中，"图案"样式选择10％、"应用于"选择"段落"[如图8-21(b)所示]。

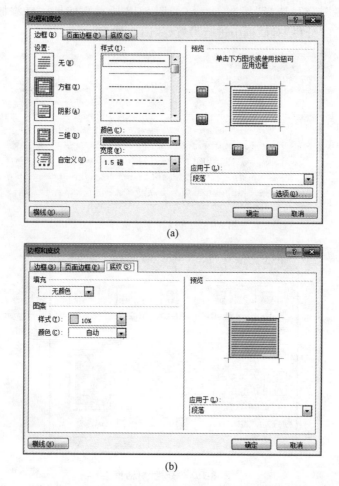

(a)

(b)

图8-21 "边框与底纹"对话框的"边框"和"底纹"选项卡

(6) 其他(自行练习)

① 当天的日期和时间：单击"插入"选项卡"文本"组中的"日期和时间"按钮，选择适当格式。

② 字数统计：单击"审阅"选项卡中"校对"组中的"字数统计"按钮(如图8-22所示)，计算所选文字或整个当前文章中所包含的各类字符数。

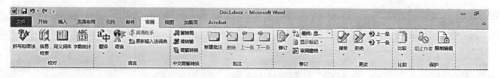

图8-22 "审阅"选项卡

4．表格基本操作

（1）插入表格

要求：在第 4 页图后添加如下表格。

表 1　近年来国内网民人数与增长情况

年　份	2004	2005	2006	2007	2008	2009	2010	2011
网民人数(万人)	9400	11 100	13 700	21 000	29 800	38 400	45 730	51 310
增长人数(万人)	——	1700	2600	7300	8800	8600	7330	5580

方法：

单击"插入"选项卡中"表格"组的"表格"按钮，选择 3 行 9 列的表格，或单击"插入表格"
按钮，在对话框（如图 8-23 所示）中进行设置。光标依次
选取单元格后，输入"表 1 近年来国内网民人数与增长情
况"中的内容（注意：以西文方式输入数字）。

图 8-23　"插入表格"对话框

（2）表格编辑

要求：在表格最右边添加一列，并将该列第一、二个
单元格合并，输入文字"增长总数"并设置文字在单元格
内水平居中，再将表格放置在版面居中位置。

方法：

① 插入列：选取最右列任意单元格，右击后在快捷
菜单中选择"插入"命令，选择将列插入在当前单元格的
右侧。

② 合并单元格：选中新添加列的第一、二个单元格，右击后在快捷菜单中选择"合并单
元格"；右击选择"单元格对齐方式"为"水平居中"。

③ 表格居中对齐：选中整个表格，单击"开始"选项卡中"段落"组的按钮 ≡，选择居中
对齐方式。

（3）表格计算

单击"增长人数"一列的下方单元格，单击"布局"选项卡"数据"组中的"公式"按钮（如
图 8-24 所示），显示"公式"对话框（如图 8-25 所示），在对话框"公式"中输入"＝SUM(LEFT)"。

图 8-24　"布局"选项卡

如果表格数据发生变化，需更新计算结果，可选中结果单元格，按 F9 功能键。

如果该行或列中含有空单元格，系统将不对整行或整列进行累加。如果希望整行或整
列求和，可在每个空单元格中输入 0。

（4）表格格式设置（自行练习）

单击表格中任意单元格，选择"设计"选项卡（如图 8-26 所示），可对表格样式、边框和底

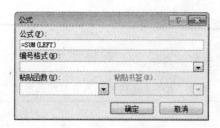

图 8-25　"公式"对话框

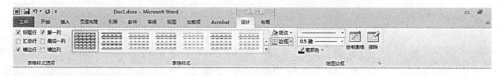

图 8-26　"设计"选项卡

纹进行设置,也可利用绘制表格和擦除进行多种表格的设计。

5. 图片基本操作

(1) 插入图片

要求:在封面和第 2 页正文中间参照样张添加"D:\Word"文件夹下的图片"背景.jpg"和"春.jpg"。

方法:光标移至第 1 页,单击"插入"选项卡"插图"组的"图片"按钮;在弹出的"插入图片"对话框(如图 8-27 所示)中,找到要插入的图片所在的文件夹,选择"D:\Word\背景.jpg";双击该图片(或选中该图片,单击"插入"按钮)。

图 8-27　"插入图片"对话框

用同样的方法在第 2 页正文中插入"春.jpg"。

（2）图片格式设置

要求：将封面插入的图片设置为宽 21 厘米，环绕方式为"衬于文字下方"；将第 2 页插入的图片大小设置为高 4 厘米，宽 5 厘米，环绕方式为"紧密型"。

方法：

① 选中封面图片，单击"格式"选项卡（如图 8-28 所示）"大小"组右下角按钮，在弹出的"布局"对话框中，选择"大小"选项卡，宽度绝对值设置为 21（如图 8-29（a）所示），"文字环绕"选项卡的"环绕方式"设置为"衬于文字下方"[如图 8-29（b）所示]，移动右下角"缩放滑块"使文档单页显示，并按样张调整图片至恰当位置。

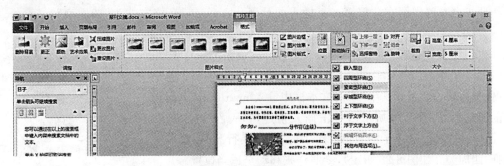

图 8-28　"格式"选项卡

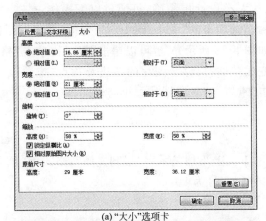

(a)"大小"选项卡

(b)"文字环绕"选项卡

图 8-29　"布局"对话框

②　选中第 2 页图片，在"格式"选项卡"大小"组的"高度"和"宽度"文本框中直接输入 4 和 5；单击"排列"组的"自动换行"下拉菜单，选择"紧密型环绕"，按样张调整图片至适当位置（如图 8-28 所示）。

调整图片大小也可以直接通过观察效果进行，即先单击图片，在图片边缘处出现几个对称的句柄，当光标放置在某个句柄上时，光标形状将变成"双箭头"；按住鼠标左键不放，拖动图片边缘上调整尺寸的句柄可以调整整张图片的大小，为了保持原图片的长宽比例，调整时最好拖拉图片四个角上的控制点。

（3）插入剪贴画

要求：参照样图在文档第 3 页插入剪贴画 instructor，环绕方式为"四周型"。

方法：

先在文档中选择要插入剪贴画的位置，再单击"插入"选项卡"插图"组中的"剪贴画"按钮，此时在屏幕右侧出现一个"剪贴画"任务窗格，在"搜索文字"下的文本框中输入 instructor，选择指定的剪贴画（如图 8-30 所示），单击插入指定剪贴画。选中剪贴画，同样在"格式"选项卡的"排列"组中的"自动换行"下拉菜单中选择"四周型"（如图 8-28 所示），参照样张移动至适当位置。

图 8-30　剪贴画 instructor

（4）修剪图片（自行练习）

如果想使插入的图片大小设计更精确，可通过以下操作进行。选择图片，单击"格式"选项卡的"大小"组中右下角的"弹出对话框"按钮，在"布局"对话框中进行更多的设置（如图 8-28 所示）；也可以单击图片后，单击"格式"选项卡中"大小"组的"裁剪"按钮，使光标变成裁剪符，移至图片的四边及顶点，拖动鼠标即可完成。如果剪裁或调整图片有误，可单击"重置"恢复原图片大小与格式。

6. 艺术字编辑

（1）插入艺术字

要求：参照样张在第 1 页上添加艺术字"报刊文摘"，格式为"填充—白色，渐变轮廓，强调文字颜色 1"，字体为隶书，字号为 80。

方法：

①　将光标移至第 1 页。

②　单击"插入"选项卡"文本"组的艺术字下拉菜单，选择"填充—白色，渐变轮廓，强调文字颜色 1"（如图 8-31 所示）。

③　在显示的"请在此放置您的文字"文本框中（如图 8-32 所示），输入文字"报刊文摘"。

④　设置文字"报刊文摘"字体为隶书，字号为 80；单击艺术字以外区域，艺术字即以"浮在文字上方"版式插入文档中。

（2）版式设置

要求：将艺术字设置为"竖排"。

方法：选择艺术字"报刊文摘"，单击"格式"选项卡（如图 8-33 所示）中"文本"组的"文字方向"按钮，选择"垂直"。

（3）编辑艺术字（自行练习）

使用"格式"选项卡的各个组中的命令，可以对艺术字的内容、样式、形状、字间距、尺寸

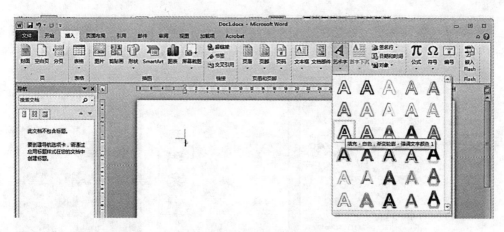

图 8-31　选择艺术字样式

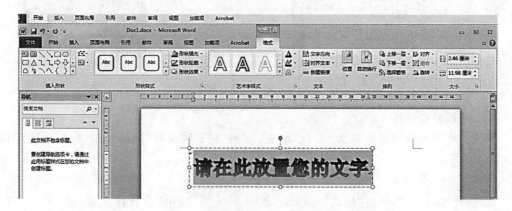

图 8-32　编辑艺术字文字框

图 8-33　"格式"选项卡

等进行设置。将艺术字的版式设为浮动型时,其周围将出现三种标志,可进行不同的操作,例如,拖动 8 个白色控点,可改变其大小;转动绿色旋转控点,可对其进行旋转;拖动黄色菱形控点,可改变其形状。

7. 图形编辑

(1) 添加自选图形

要求:参照样张在封面上添加一个黄色带阴影效果的"太阳形",并将其设置为"四周型环绕"。

方法:单击"插入"选项卡中"插图"组的"形状"下拉菜单,单击"基本形状"中的"太阳形"(如图 8-34 所示),在封面上拖动到恰当位置。

计算机科学导论(第 2 版)实验指导

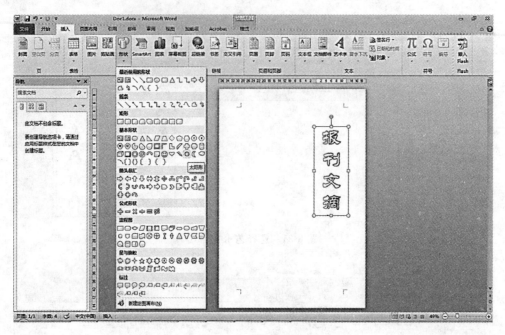

图 8-34 "形状"下拉菜单

(2) 图形格式设置

要求：将插入的图形设置为"黄色"填充，添加"左下斜偏移"阴影效果，环绕方式"四周型环绕"。

方法：

① 选择"太阳形"，单击"格式"选项卡(如图 8-35 所示)中"形状样式"组的"形状填充"下拉菜单，选择"标准色"为"黄色"。

图 8-35 "绘图工具"的"格式"选项卡

② 选择"太阳形"，单击"格式"选项卡中"排列"组的"自动换行"下拉菜单，选择"四周型环绕"。

③ 选择"太阳形"，单击"格式"选项卡中"形状样式"组的"形状效果"下拉菜单中的"阴影"，选择"外部"中的"左下斜偏移"(如图 8-36 所示)。

8．文本框编辑

文本框是 Word 2010 绘图工具提供的一种绘图对象，能够添加文本，也允许插入图片，并能将其放置于页面上的任意位置，使用起来非常方便。

(1) 插入文本框

要求：在封面添加文本框，内容为"路漫漫其修远兮，吾将上下而求索。屈原"。

方法：单击"插入"选项卡"文本"组中"文本框"下拉菜单的"简单文本框"，输入文字"路

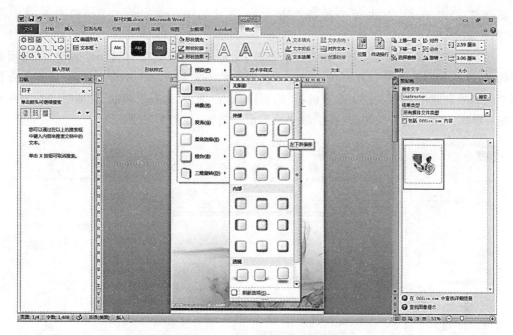

图 8-36   "形状效果"下拉菜单

漫漫其修远兮,吾将上下而求索。屈原"。

（2）文本框格式设置

要求：设置文本框内文字为竖排、深蓝色的小一号华文行楷,参考样张放置在适当位置。

方法：

① 选中文本框,在"格式"选项卡（如图 8-33 所示）"文本"组中的"文字方向"中选择"垂直",将文字改为竖排。

② 单击"形状样式"选项卡"形状填充"下拉菜单中的"无填充颜色"。

③ 单击"形状样式"选项卡"形状轮廓"下拉菜单中的"无轮廓"。

④ 单击"排列"组中的"自动换行"下拉菜单,选择"四周环绕型"。

⑤ 选中文本框中的文字,按常规方法设置文字为"华文行楷、小一"。

模仿样张将文本框内的文字分为 3 行,调整文本框大小,并移至适当位置。

9. 公式编辑

（1）插入公式

要求：在第 4 页中按样张插入三个公式：$\int_a^b f(x)\mathrm{d}x = I = \lim\limits_{\lambda \to 0} \sum\limits_{i=1}^{n} f(\xi_1)\Delta x_1$、$s = \sum\limits_{i=1}^{n} f(\xi_i)\Delta x_i$ 和 $\int_a^b f(x)\mathrm{d}x$,并将公式居中放置。

方法：

将光标移至第 3 页文第 6 段"在每个小区间……并作出和:"后,按 Enter 键插入一个空行,选择"插入"选项卡中的"符号"组,单击"公式"下拉菜单（如图 8-37 所示）,可以看到出现一些内置公式,有二次公式、二项式定理、傅里叶级数、勾股定理、和的展开式、三角恒等式、

计算机科学导论(第2版)实验指导

泰勒展开式和函数公式等。选择"插入新公式",进入公式工具"设计"选项卡（如图 8-38 所示）。

在"结构"组中，有分数、上下标、根式、积分、大型运算符、括号、函数、导数符号、极限和对数、运算符和矩阵多种运算方式按钮。在其对应的下方都有一个小箭头，可以展开下一级菜单。如果公式中需要键盘上没有的符号，可以单击"符号"组右下角的"其他"按钮，打开对话框后单击左上角的下拉按钮，在菜单中根据需要选择（如图 8-39 所示）。

图 8-37　"公式"下拉菜单

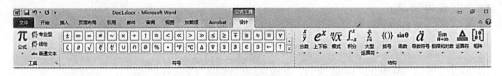

图 8-38　"公式工具"的"设计"选项卡

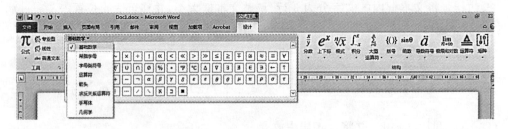

图 8-39　公式中特殊符号的选择

以公式 $\int_a^b f(x)\mathrm{d}x = I = \lim_{\lambda \to 0} \sum_{i=1}^n f(\xi_1)\Delta x_1$ 为例，具体操作如下。单击"积分"按钮的下拉菜单（如图 8-40 所示），选择第 1 行第 2 列的"积分"按钮，在编辑框内通过移动光标按钮

在不同的方框内输入积分各部分 a、b 和 $f(x)\mathrm{d}x$，接着直接在其后输入"$=I=$"，单击"极限和对数"下拉菜单第 1 行第 3 列的"极限"按钮。同样通过移动光标按钮在 $\lim$ 的下方方框内输入 $\lambda\to0$，光标移入右方方框内，单击"大型运算符"下拉菜单第 1 行第 2 列的"求和"按钮，继续通过移动光标按钮在不同的方框内输入求和的各部分 $i=1$、n 和 $f(\xi_1)\Delta$，最后选择单击"上下标"下拉菜单第 1 行第 2 列的"下标"按钮，同样通过移动光标按钮在不同的方框内输入各部分 x、1。同样在"如果不论对 $[a,b]$ 怎样分法……记作"后输入公式 $s=\sum\limits_{i=1}^{n}(\xi_1)\Delta x_i$，即后输入公式 $\int_a^b f(x)\mathrm{d}x$。单击公式输入以外的工作区，则退出公式编辑窗口。

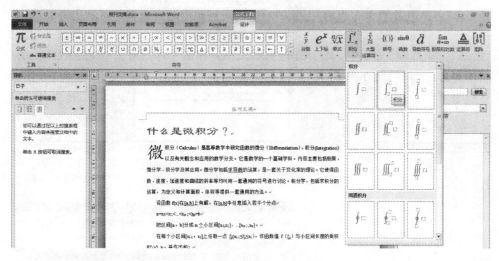

图 8-40　"积分"公式选择

分别选中公式，设置为段落居中。

（2）编辑公式

要修改已在文档中插入的公式，可以在选中后双击进入编辑公式。

（3）公式的格式设置

单击插入的公式右下角的小箭头，可以看到一个下拉框。可以改变公式的对齐方式和形状（专业型和线性），也可以选择公式的插入方式为内嵌或显示。对其方式也可采用类似对文档段落的设置进行。

10. 样式设置

固定的字体、段落等格式称为样式。文档排版中，只要将所需段落指定为预先设定好的样式就可以快速、高效地完成对文档的排版。

要求：将第 2、3、4 页的标题"匆匆"、"什么是微积分？"和"中国网民知多少？"设置为标题 1。

方法：选择第 2 页的标题"匆匆"，单击"开始"选项卡中"样式"组的预留样式下拉列表键，选择"将所选内容保存为新快速样式"（如图 8-41 所示）。在"根据格式设置创建新样式"对话框中单击"修改"［如图 8-42（a）所示］，在"根据格式设置创建新样式"对话框中，将"样式基准"改为"标题 1"［如图 8-42（b）所示］，单击"确定"按钮完成设置，此时标题文字"匆匆"设置为样式"标题 1"。

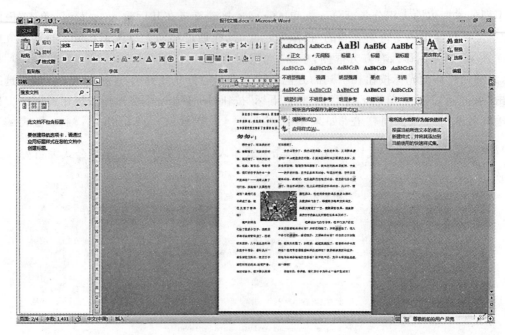

图 8-41 样式选择

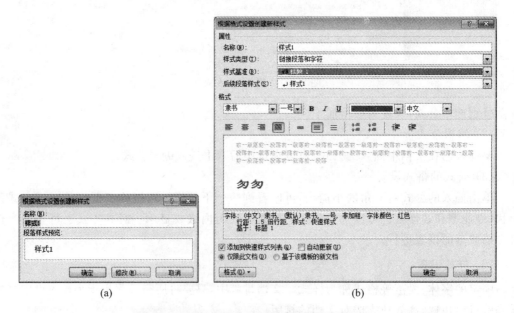

(a)   (b)

图 8-42 "根据格式设置创建新样式"对话框

选中"匆匆"所在行,双击"开始"选项卡"剪贴板"组中的"格式刷"按钮,在"什么是微积分?"和"中国网民知多少?"所在行行头单击进行格式复制,使其均设置为样式"标题 1"。

按 Esc 键取消格式复制。

11. 脚注编辑

脚注和尾注都是用来对文档中某个内容进行解释、说明或提供参考资料等的对象。脚注通常出现在页面的底部,作为文档某处内容的说明;尾注一般位于文档的末尾,用于说明引用文献的来源等,在同一个文档中可以同时包括脚注和尾注。

脚注和尾注由注释引用标记和与其对应的注释文本两部分构成。可以让 Word 2010 自动为标记编号,也可以创建自定义的标记。添加、删除或移动自动编号的注释时,Word 2010 将对注释引用标记重新编号。在注释中可以使用任意长度的文本,并像处理其他文本一样设置注释文本格式,还可以自定义注释分隔符,用来分隔文档正文和注释文本的线条。

要求:在最后一页标题文字后插入尾注"摘自中国互联网络信息中心 2012 年《第 29 次中国互联网络发展状况统计报告》",格式为"小五号、宋体"。

方法:在页面视图模式下,单击最后一页标题文字"中国网民知多少?"的末尾,即要插入尾注的位置,再单击选择"引用"选项卡"脚注"组中的"插入脚注"按钮,光标自动移到当前页面底部设置插入点,并等待输入注释内容,此时输入"摘自中国互联网络信息中心 2012 年《第 29 次中国互联网络发展状况统计报告》"。选中插入文字,将其字体格式设置为小五号、宋体,也可以直接单击"脚注"组右下角的小按钮,调出"脚注和尾注"对话框,在其中可以进行多项设置(如图 8-43 所示)。

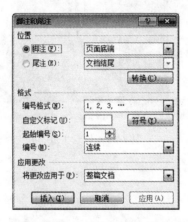

图 8-43　"脚注和尾注"对话框

12. 目录编辑

目录通常是文档不可缺少的部分,有了目录,就能很容易地知道文档结构及相关内容,方便查找内容。Word 2010 提供了自动生成目录的功能,使目录的制作变得非常简便。

要求:仿照样张在第一页添加目录,字体为"方正姚体",字号为"小四号",行距为"1.5 倍行距"。

方法:

① 仿照样张在第 1 页要插入目录的位置插入文本框。

② 选中"文本框",右击在快捷菜单中选择"设置形状格式",将"文本框"设为"无线条"、"无填充"。

③ 将光标移至文本框中,在"引用"选项卡"目录"组中单击"目录"按钮,在下拉菜单中选择"自动目录 1"(如图 8-44 所示),完成目录插入。

④ 选择目录文字,在"开始"选项卡的"字体"组中设置目录字体为"方正姚体",字号为"小四号",在"段落"组中设置行距为"1.5 倍行距"。

计算机科学导论(第 2 版)实验指导

13. 保存文件,退出系统

单击"文件"菜单,选择"另存为"命令,将文档保存到"D:\Word"中,文件名为"Word 2010实例"。

单击"文件"菜单,选择"退出",退出系统。

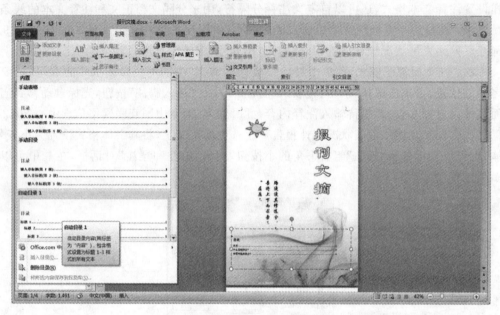

图 8-44　目录生成

Excel 2010 电子表格　　实验 9

实验目标

（1）掌握工作簿与工作表的编辑方法，包括工作簿的创建、打开、保存与关闭，工作表的添加、复制、移动及重命名。

（2）掌握各类数据的编辑方法，包括数字、货币、文本和日期等单个数据及序列数据的输入。

（3）掌握电子表格的格式化方法，包括表格及单元格的格式设置、边框和底纹及页面设置。

（4）掌握数据的基本处理方法，包括数据的排序、公式及基本函数的使用方法。

（5）掌握图表的编辑方法，包括根据数据建立图表、图表的编辑、图表的格式化等。

实验内容

将实验素材中"Excel"下的文件复制到"D：\Excel"下，参考样张（如图 9-1 所示）进行编辑排版操作。

实验操作

1. Excel 2010 的启动与退出

（1）启动 Excel 2010

选择"开始"→"所有程序"→Microsoft Office→Microsoft Office Excel 2010 命令（如图 9-2 所示），或双击 Windows 桌面上的 Excel 2010 快捷图标，或打开已有的 Excel 文件或双击 Excel 程序文件，均可启动 Excel 2010。

（2）Excel 2010 的工作界面

Excel 2010 的工作界面如图 9-3 所示。

① 快速访问工具栏、标题栏、功能区的组成，类似于 Word 2010 界面（如图 9-4、图 9-5 和图 9-6 所示）。

图书采购一览表

序号	书名	出版社	主编	ISBN	开本	定价	采购量(本)	采购金额
19	汽车电器设备与维修	国防科技大学出版社	柏丽敏	978-7-81099-851-2	16	¥22.00	70	¥1,540.00
3	高等数学（工科类）	国防科技大学出版社	刘清勇	978-7-8109-9502-3	16	¥29.00	100	¥2,900.00
7	大学生军事训练教程	国防科技大学出版社	公茂运	978-7-810-99614-3	16	¥23.00	200	¥4,600.00
20	汽车检测与诊断技术	国防科技大学出版社	游剑	978-7-81099-852-9	16	¥23.00	210	¥4,830.00
15	机械制图	国防科技大学出版社	武昌先 蔡晓先	978-7-81099-537-5	16	¥27.00	290	¥7,830.00
9	体育与健康（国防）	国防科技大学出版社	吴松伟	978-7-81099-749-2	16	¥28.00	460	¥12,880.00
16	机械制图习题集	国防科技大学出版社	孙美霞	978-7-81099-538-2	8	¥28.00	600	¥16,800.00
12	网页制作三剑客	国防科技大学出版社	卫世浩	978-7-81099-511-5	16	¥36.00	670	¥24,120.00
1	卓越英语综合教程1	国防科技大学出版社	焦卧君 刘莉	978-7-81099-743-0	16	¥36.80	900	¥33,120.00
		国防科技大学出版社 汇总						¥108,620.00
17	供应链管理	上海交通大学出版社	徐 杰	978-7-313-05417-3	16	¥30.00	120	¥3,600.00
4	现代礼仪	上海交通大学出版社	蔡桂娟	978-7-313-05419-7	16	¥26.00	200	¥5,200.00
18	物流企业管理	上海交通大学出版社	贾瑞峰	978-7-313-05418-0	16	¥30.00	350	¥10,500.00
		上海交通大学出版社 汇总						¥19,300.00
2	应用写作(配盒)	武汉大学出版社	邹绍荣 罗朋飞	978-7-307-05571-1	16	¥24.00	200	¥4,800.00
10	C语言程序设计	武汉大学出版社	陈广红	978-7-307-05358-6	16	¥33.00	430	¥14,190.00
		武汉大学出版社 汇总						¥18,990.00
11	网络安全与管理	西北工业大学出版社	王建平	978-7-5612-2358-1	16	¥27.00	450	¥12,150.00
		西北工业大学出版社 汇总						¥12,150.00
5	法学概论	西南财经大学出版社	刘秀明	978-7-81138-149-8	16	¥26.00	160	¥4,160.00
23	电子商务与国际贸易	西南财经大学出版社	纪淑平	978-7-5504-0114-3	16	¥24.00	170	¥4,080.00
22	网络经济学	西南财经大学出版社	王艳霞	978-7-5504-0003-0	16	¥24.00	220	¥5,280.00
21	企业电子商务管理	西南财经大学出版社	半芬	978-7-81138-923-4	16	¥27.00	320	¥8,640.00
13	经济法	西南财经大学出版社	孔喜梅	978-7-81088-982-7	16	¥29.80	340	¥10,132.00
14	商品学基础	西南财经大学出版社	申海波	978-7-5504-0304-8	16	¥24.00	340	¥8,160.00
		西南财经大学出版社 汇总						¥40,452.00
8	中国近代史纲要（新版）	中共党史出版社	王吉元	978-7-80199-777-7	32	¥15.00	170	¥2,550.00
6	思想道德修养与法律基础(新)	中共党史出版社	王英鉴	978-7-80199-779-1	32	¥15.00	300	¥4,500.00
		中共党史出版社 汇总						¥7,050.00
	总计							¥206,562.00
	合计						7270	¥406,074.00

(a) 图书采购清单

序号	出版社	采购金额	所占百分比
1	国防科技大学出版社	108620	52.58%
2	上海交通大学出版社	19300	9.34%
3	武汉大学出版社	18990	9.19%
4	西北工业大学出版社	12150	5.88%
5	西南财经大学出版社	40452	19.58%
6	中共党史出版社	7050	3.41%
		206562	

(b) 示意图

图 9-1　样张

图 9-2　从"开始"菜单中启动 Excel 2010

图 9-3　Microsoft Office Excel 2010 界面

　　② 编辑栏,位于列标上方,主要用于输入和修改活动单元格中的数据。当在工作表的某个单元格中输入数据时,编辑栏同步显示输入的内容(如图 9-7 所示),名称框显示当前活动单元格的地址。

　　③ 状态栏,位于窗口的底部,用于显示当前操作的相关提示及状态信息。通常,状态栏左侧显示"就绪",向单元格中输入数据时,状态栏左侧则显示"输入"。状态栏右侧依次显示

计算机科学导论(第 2 版)实验指导

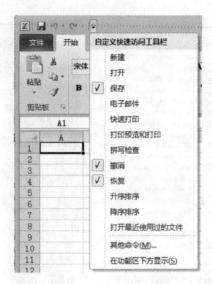

图 9-4　快速访问工具栏

图 9-5　标题栏

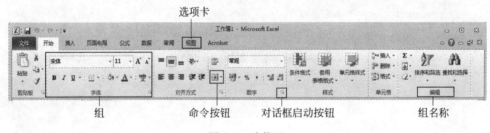

图 9-6　功能区

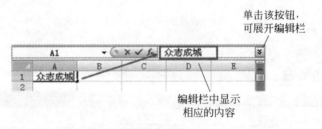

图 9-7　编辑栏

"工作簿视图"按钮、"缩放级别"按钮和"显示比例"调整滑块(如图 9-8 所示)。

(3) 退出 Excel 2010

单击程序窗口右上角(即标题栏右侧)的"关闭"按钮,或单击"文件"后在 Backstage 视图中单击"退出"按钮(如图 9-9 所示)。

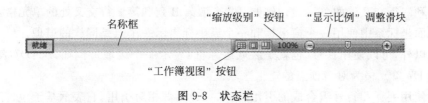

图 9-8　状态栏

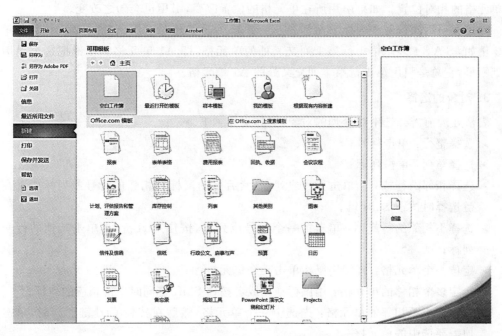

图 9-9　Backstage 视图

2．工作簿、工作表与单元格

（1）工作簿

在 Excel 2010 中生成的文件，其扩展名是 .xlsx，一个 Excel 2010 文件就是一个工作簿。

（2）工作表

显示在工作簿窗口中由行和列构成的表格，它主要由单元格、行号、列标和工作表标签等组成（如图 9-3 所示）。行号显示在工作簿窗口的左侧，依次用数字 1，2，…，1048567 表示，列标显示在工作簿窗口的上方，依次用字母 A，B，…，XFD（最多为 16384 列）表示。在默认情况下，一个工作簿包含 3 个工作表，用户可以根据需要添加或删除工作表。工作表是通过工作表标签来标识的，单击不同的工作表标签可在工作表间进行切换。

（3）单元格与活动单元格

单元格是 Excel 2010 工作簿的最小组成单位。工作表编辑区中的每一个长方形的小格就是一个单元格，每一个单元格都用其所在的单元格地址来标识，如 A1 单元格表示位于第 A 列第 1 行的单元格。工作表中，被黑色方框包围的单元格，称为当前单元格或活动单元格，用户只能对活动单元格进行操作。

（4）单元格的引用

在默认情况下，Excel 2010 使用字母作为列号，用数字作行号，用一个字母和一个数字表示一列和一行交叉处的单元格。例如,B2 表示第 B 列和第 2 行交叉处的单元格。这种表示法与平面坐标系中使用一个横坐标和一个纵坐标表示一个点是同样的道理。

除此以外,可以使用冒号(也就是区域运算符)表示一个区域。例如,B3:D7 表示以 B3 单元格和 D7 单元格为对角顶点的矩形区域。

直接使用列标和行号组合成的引用(例如 A1)叫做相对引用,它表示基于包含这个引用的单元格的相对位置。如果引用所在单元格的位置改变,引用也会随之改变。

如果在引用的行号和列标前面各加上一个 $,则称为绝对引用,它指向固定位置的单元格。例如,$A$1 表示第 1 行第 1 列交叉处的单元格,即 A1 单元格。无论把这个引用复制到哪里,它总是引用第 1 行第 1 列交叉处的 A1 单元格。

3. 对象的选择

表格处理前需先选中被处理的对象,具体操作如下。

➢ 选择整行:单击行号;

➢ 选择整列:单击列标;

➢ 选择相邻的行或列:单击行号或列标,然后拖动鼠标到相邻的行号或列标或者在左键选择时按下 Shift 键;

➢ 选择不相邻的行或列:单击第一个行号或列标,按住 Ctrl 键,再单击其他的行号或列标;

➢ 定位一个单元格:直接用鼠标单击某个单元格;

➢ 选定多个相邻的单元格:用鼠标拖动或者按住 Shift 键同时单击相应的列标;

➢ 选定多个不相邻的单元格:先选中一个单元格,然后在按住 Ctrl 键的同时,单击其他需要选中的单元格;

➢ 选定矩形区域:单击选取区域左上角的单元格,按住 Shift 键,将鼠标指针指向要选取区域的右下角单元格或者用鼠标从左上角单元格滑动到右下角单元格;

➢ 不相邻的矩形区域:先选中一个单元格区域,然后按住 Ctrl 键,再选取其他区域。

4. 数据类型

Excel 2010 中涉及的数据类型很多,包括文本、数值、日期和时间等。

(1) 文本数据

指键盘上可输入的任何符号,文本默认为左对齐。输入到单元格内的任何字符集,只要不被系统解释成数字、公式、日期、时间或者逻辑值,则 Excel 2010 一律将其视为文本。当输入的字长度超出单元格宽度时,右边单元格无内容时,则显示扩展到右边列,否则截断显示。

由数字组成的文本,如电话号码、邮编等,在输入的数字文本之前加一个单引号,系统则把这些数字看作文本。

(2) 数值数据

由数字 0~9 和符号＋、－、E、e、$、/、%、小数点(,)、千分号(,)等组成的数据,默认为右对齐;单元格中默认只能显示 11 位有效数字,超过长度就用科学记数法来表示;如果数字太长无法在单元格中显示,单元格将以＃＃＃显示,此时需增加列宽。

（3）日期数据

使用斜线/或连字符-连接的数据,形如 YY/MM/DD,年份可以是 4 位。按 Ctrl＋；（分号）键则输入当天日期。

（4）时间数据

用冒号：输入,一般以 24 小时格式表示时间,若以 12 小时格式表示,需在时间后加上 A(AM)或 P(PM),A 或 P 与时间之间要空一格,按 Ctrl＋Shift＋；（分号）键输入当前时间。在同一单元格中可以同时输入时间和日期,不过两者之间要留一空格。

5. 数据的输入与编辑

（1）新建工作簿

要求：建立一个新的空白文件。

方法：当打开 Excel 2010 应用程序时,系统自动生成一个空白工作簿"工作簿 1. xlsx",默认包括 3 张工作表 Sheet1、Sheet2 和 Sheet3。

（2）从文件中添加数据至工作表

要求：打开"D:\Excel"文件夹中的文件"图书采购. docx",复制表格,粘贴在工作表 Sheet1 中,从 A1 开始存放。

方法：打开文件"图书采购. docx",选择表格,复制后,选中工作簿 1. xlsx 中的 Sheet1 工作表,单击单元格 A1 后,单击"开始"选项卡"剪贴板"组的"粘贴"按钮。

（3）字符数据添加

要求：仿照样张,添加标题行,并在单元格 A1 里添加标题"图书采购一览表",在单元格"采购量"右侧单元格中添加文字"采购金额"。

方法：

① 光标移至单元格 A1,单击右键,选择"插入",在"插入"对话框中（如图 9-10 所示）,选择"整行",单击"确定"按钮。

② 单击单元格 A1,输入文字"图书采购一览表"。

③ 单击单元格 H2,输入文字"采购金额"。

（4）自动填充数据添加

要求：仿照样张,为表格添加序号列。

方法：

① 光标移至单元格 A1,单击右键,选择"插入",在"插入"对话框中（如图 9-10 所示）,选择"整列"。

② 单击单元格 A2,输入文字"序号"。

③ 单击单元格 A3,输入数字 1,在名称框中输入 A3：A25,或选择 A3 并拖动至 A25,选中 A3～A25 单元格。选择"开始"选项卡"编辑"组中的"填充"按钮,在下拉列表框中选择"系列"

图 9-10　"插入"对话框

（如图 9-11 所示）,在弹出的"序列"对话框（如图 9-12 所示）中单击"确定"按钮。另外,也可在 A4 中输入 2,选择 A3 和 A4 后,将光标移至单元格 A4 右下角的一个黑点上（填充柄）,此时鼠标指针变成＋形状,按住鼠标左键向下拖动,即可生成数据序列。

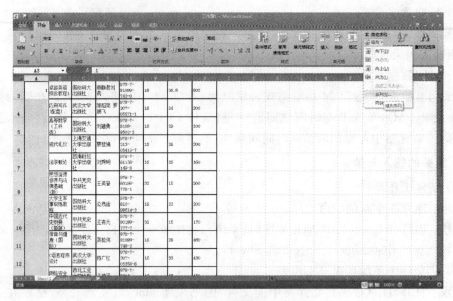

图 9-11 序列数据的输入

图 9-12 "序列"对话框

6. 数值计算

Excel 2010 公式或函数必须以等号(＝)开头,否则系统只将公式看作一个文本字符串而不会进行计算,Excel 2010 公式可使用多种运算符(如表 9-1 所示)。

表 9-1 Excel 2010 公式中的运算符

优先级次序	运 算 符	说 明
	:(冒号)(单个空格),(逗号)	引用运算符
	—	负数(如—1)
	%	百分比
高优先级	^	乘方
低优先级	* 和 /	乘和除
	＋ 和 —	加和减
	&	连接两个文本字符串(串连)
	＝ ＞ ＜ ＜＝ ＞＝ ＜＞	比较运算符

要求:按公式"定价×采购量"计算表格中"采购金额"I3 到 I23 的值。在表格最下方添

加一个统计行,记录采购量和采购金额的合计。

方法:

① 单击单元格 I3,输入公式"=G3＊H3",这里=表示其后跟公式或函数,注意是西文符号。

② 选中单元格 I3,将光标移至单元格右下角的填充柄上,此时鼠标指针变成✚形状,按住鼠标左键向下拖动至 I25,即可复制公式,计算其余的采购金额。

③ 选择单元格 B26,输入"合计",选中单元格 H26,单击"开始"选项卡"编辑"组中的"自动求和"命令按钮 ,单元格内出现"=SUM(H3:H25)",按 Enter 键,则计算出结果。用同样的方法可以计算出单元格 I26 的值。

7. 数据编辑

(1) 数据的删除和更改(自行练习)

① 要删除单个单元格中的数据,可以先选中该单元格,然后按 Del 键;要删除多个单元格中的数据,则可同时选定多个单元格,然后按 Del 键;要删除单元格,则在选定单元格后,右击并在快捷菜单(如图 9-13 所示)中选择"删除",在弹出的"删除"对话框(如图 9-14 所示)中选择相应的命令,即可删除单元格或其所在的行(列)。

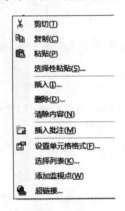

图 9-13　快捷菜单　　　　图 9-14　"删除"对话框

② 当单击单元格使其处于活动状态时,单元格中的数据会被自动选取,一旦开始输入,单元格中原来的数据就会被新输入的数据所取代。如果单元格中包含大量的字符或复杂的公式,而只想修改其中的一部分,则可按以下两种方法进行编辑。

➤ 双击单元格,或者单击单元格后按 F2 键,在单元格中进行编辑。

➤ 单击激活单元格,然后单击公式栏,在公式栏中进行编辑。

(2) 数据的复制与移动

要求:复制工作表 Sheet1 的数据到工作表 Sheet2。

方法:移动或复制单元格或区域数据的方法基本相同,选中工作表 Sheet1 中单元格 A1:I26 的数据后,在"开始"选项卡的"剪贴板"组中单击"复制"按钮 ,然后单击要粘贴数据的位置,即工作表 Sheet2 的单元格 A1,并在"剪贴板"组中单击"粘贴"按钮 ,即可完成单元格数据的复制。还可以使用鼠标拖动来移动或复制单元格内容。要移动单元格内容,应首先单击要移动的单元格或选定单元格区域,然后将光标移至单元格区域边缘,当光标变为十字箭头形状后,拖动光标到指定位置并释放鼠标。

（3）数据查找与替换

要求：将表格中的"国防科大出版社"全部替换为"国防科技大学出版社"。

方法：单击"开始"选项卡"编辑"组，单击"查找与选择"下拉菜单选择"替换"命令，弹出"查找与替换"对话框（如图 9-15 所示），在"查找内容"和"替换为"后的文本框中分别输入"国防科大出版社"和"国防科技大学出版社"，单击"全部替换"按钮完成替换操作，单击"关闭"按钮，退出替换操作。

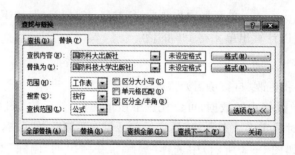

图 9-15 "查找与替换"对话框

8. 保存与关闭文档

要求：将编辑好的文件存入 D 盘 Excel 文件夹，文件名为"图书采购清单.xlsx"，保存后关闭文件，并退出 Excel 2010 系统。

方法：

（1）单击"文件"→"保存"或"另存为"，将文档保存到"D:\Excel"，文件名为"图书采购清单.xlsx"。

（2）单击窗口按钮 ✕ 或单击"文件"中的"关闭"命令。

9. 工作表操作

（1）打开工作簿

要求：打开文档"图书采购清单.xlsx"。

方法：在"文件"中选择"打开"命令或使用 Ctrl＋O 快捷键。

（2）工作表重命名

要求：将工作表 Sheet1 改名为"图书采购清单"。

方法：双击工作表 Sheet1 标签，这时工作表标签以反白显示［如图 9-16(a)所示］，在其中输入新的工作表名"图书采购清单"并按下 Enter 键［如图 9-16(b)所示］。也可右击工作表 Sheet1 标签，在快捷菜单中选择"重命名"，进行标签的更名。

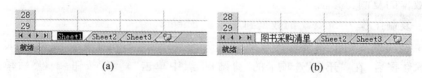

图 9-16 工作表重命名

（3）插入工作表

要求：添加工作表"示意图"。

方法：选中工作表"图书采购清单"，在工作表标签处，单击右键，出现快捷菜单，选择其中的"插入"命令，在弹出的窗口中选择"工作表"（如图 9-17 所示），即可在当前选中的工作表前插入一个新的工作表。双击新插入的工作表标签处，输入"示意图"将工作表重新命名。

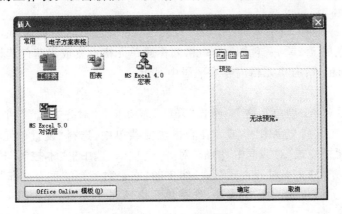

图 9-17　"插入"对话框

（4）移动和复制工作表

要求：将工作表"示意图"移至工作表"图书采购清单"后。

方法：单击工作表"示意图"的标签，出现一个黑色倒三角，拖动鼠标可观察到倒三角随之移动，将其拖到工作表"图书采购清单"标签后面，松开左键完成工作表的移动。若要复制工作表，可在拖动鼠标的同时按下 Ctrl 键。也可在工作表"示意图"的标签处，单击右键，在出现的快捷菜单中选择"移动或复制工作表"命令（如图 9-18 所示），然后在出现的"移动或复制工作表"对话框中选择将工作表移至"图书采购清单.xlsx"工作簿，"下列选定工作表之前"选择 Sheet2，将工作表"示意图"移至工作表 Sheet2 前，即"图书采购清单"之后。若移动时，选中"建立副本"选项（如图 9-19 所示），可在选定的工作表之前建立一个工作表"示意图"的副本。

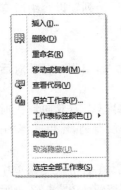

图 9-18　工作表快捷菜单

图 9-19　"移动或复制工作表"对话框

（5）删除工作表

要求：删除工作表 Sheet2。

方法：选中工作表 Sheet2，单击右键快捷菜单（如图 9-18 所示）中的"删除"命令项。

10. 格式化工作表

单元格的格式设置大都在"开始"选项卡中进行，对于简单的格式化操作，可以直接通过

"开始"选项卡中的按钮进行,如设置字体、对齐方式、数字格式,只需选定要设置格式的单元格或单元格区域,单击"开始"选项卡中的相应按钮即可。对于比较复杂的格式化操作,则需要在"设置单元格格式"对话框中完成。

(1) 设置字体、边框及底纹

要求:设置行标题"图书采购一览表"为隶书、28 号、加粗,跨列居中,并添加背景色为绿色、颜色为黄色的 6.25%灰色图案;表格列标题单元格设置成浅蓝色背景色,文字为楷体 12 号字、红色、加粗,所有单元格内容水平居中显示。

方法:

① 选取单元格 A1 到单元格 I1,单击"开始"选项卡中"对齐方式"组中的 ▦合并后居中▾ 按钮使标题文字放置在 9 列文字中间,或者在右击快捷菜单中,选择"设置单元格格式"命令,在弹出的"设置单元格格式"对话框中,单击"对齐"选项卡,选中"文本控制"选项组中的"合并单元格"复选框,并将"文本对齐方式"选项组中的"水平对齐"和"垂直对齐"均选为"居中"方式[如图 9-20(a)所示]。用同样的方法,选择单元格 A26 到 G26,单击 ▦合并后居中▾ 将"合计"放置在 7 列中间。

② 选择合并后的单元格 A1,在右击快捷菜单中选择"设置单元格格式"命令,在弹出的"设置单元格格式"对话框中,选择"字体"选项卡,设置字体为"隶书",字号为 18 号,字形"加粗"[如图 9-20(b)所示];选择"填充"选项卡,单元格背景色选择"绿色","图案"选择"6.25%灰色",图案颜色选择"黄色"[如图 9-19(c)所示],单击"确定"按钮。

③ 选中表格列标题区域(A2:I2),单击"开始"选项卡"字体"组中的 ▨ 按钮,设置"浅蓝"颜色作为单元格填充色;选择 楷体　　　　　 按钮设置字体,选择 12 ▾ 按钮设置字号,选择 B 按钮设置加粗,单击 A 按钮将字体颜色设置为红色。

④ 选择 A1:I26,单击"开始"选项卡"对齐方式"组中的功能按钮 ▤,设置所有内容水平居中。

(2) 设置列宽、行高

要求:将表格第 1 列的宽度设为 8 磅,其余各列宽度取适当列宽以容纳所有文字;表格第一行的高度设置为 50 磅,其余各行的高度取最合适的行高。

方法:

① 选定表格的第 1 列,右击选择快捷菜单中的"列宽"命令,出现"列宽"对话框,输入 8,单击"确定"按钮(如图 9-21 所示)。

② 依次移动鼠标到其余各列列标的右边边线上,当指针呈左右双向箭头时,单击并拖动鼠标调整至适当列宽以容纳所有文字,或者同时选中其余所有列,然后选择"开始"选项卡"单元格"组中"格式"命令,选择"自动调整列宽"。

③ 单击 Excel 2010 工作区最左边的行号 1,选定第 1 行,在右击快捷菜单中,选择菜单中的"行高"命令,出现"行高"对话框,输入"50",单击"确定"按钮(如图 9-22 所示)。

④ 分别移动鼠标到其他各行最下边的边线上,当指针呈上下双向箭头时,双击鼠标,各行的宽度则根据列中单元格文字的大小自动调整到最合适的行宽,或者同时选中其余所有行,然后选择"开始"选项卡"单元格"组中的"格式"命令,选择"自动调整行高"。

(3) 设置表格边框

要求:设置 A1:I26 的外边框为双线,内边框为细单线。

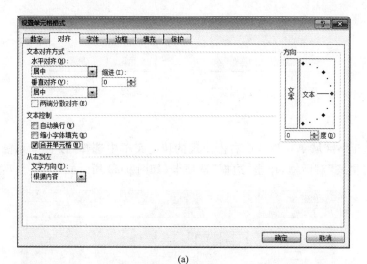

(a)

(b)

(c)

图 9-20　"设置单元格格式"对话框

图 9-21　设置"列宽"　　　　图 9-22　设置"行高"

方法：

① 选定单元格区域 A1:I26,在右击出现的快捷菜单中选择"设置单元格格式"命令,弹出"设置单元格格式"对话框,单击"边框"选项卡(如图 9-23 所示)。

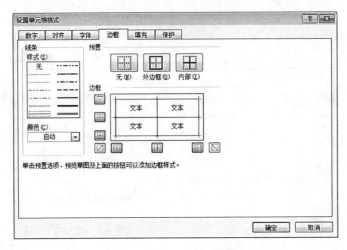

图 9-23　"边框"选项卡

图 9-24　"边框"菜单

② 选择"线条"选项组中的"双线"样式,单击"预置"选项组中的"外边框"选项,添加双线外框线；选择"线条"选项组中的"最细单线"样式,单击"预置"选项组中的"内部"选项,添加单线内边框,单击"确定"按钮。

③ 对于简单的边框添加,可以在"开始"选项卡的"字体"组中,选择"边框"按钮 右侧的下三角按钮,弹出"边框"菜单(如图 9-24 所示),选择边框类型及边框线的具体格式。

(4) 数字格式的设置

要求：将"定价"与"采购金额"两列单元格设置为货币格式、人民币符号,小数保留 2 位。

方法：按下 Ctrl 键,选定单元格区域 G3:G25 和 I3:I26,在右击出现的快捷菜单中选择"设置单元格格式"命令,弹出"单元格格式"对话框,单击"数字"选项卡,选择"分类"列表中的"货币"选项,"小数位数"列表设置为 2,"货币符号"列表中选择 ¥(如图 9-25 所示),单击"确定"按钮。

(5) 条件格式的设置

要求：将定价>30 的单元格设为"浅红色填充深红色文本,采购

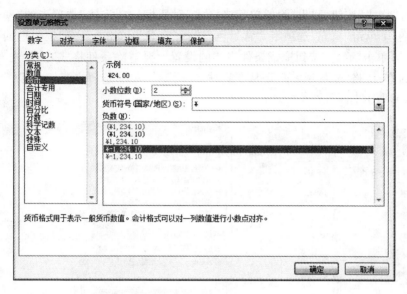

图 9-25　设置数字格式

金额≥10 000 的单元格设为蓝色底纹白色字。

方法：

① 选定单元格区域 G3:G25,选择"开始"选项卡"样式"组中"条件格式"的下拉列表命令,选择"突出显示单元值规则"菜单项下的"大于"命令[如图 9-26(a)所示],弹出"大于"对话框,在文本框中输入 30。在"设置为"后的下拉列表中选择"浅红色填充深红色文本"[如图 9-26(b)所示],单击"确定"按钮。

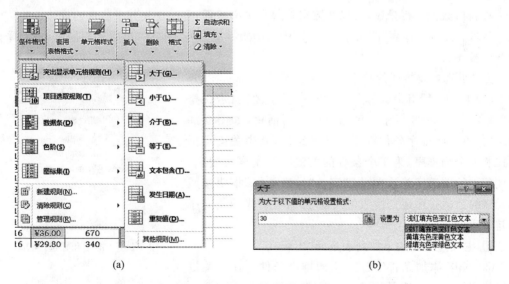

(a)　　　　　　　　　　　　　　(b)

图 9-26　"大于"条件格式设置

② 选定单元格区域 I3:I26,选择"开始"选项卡"样式"组中的"条件格式"下拉列表命令中"突出显示单元值规则"菜单项下的"其他规则"命令[如图 9-27(a)所示],则弹出"新建格式规则"对话框,在"编辑规则说明"中选择"大于或等于",并输入 10 000[如图 9-27(b)所示]。

③ 单击"格式"按钮,弹出"设置单元格格式"对话框,在"字体"选项卡的"颜色"下拉框中选择"白色";单击"填充"选项卡,"背景色"选择"蓝色",单击"确定"按钮返回到"条件格式"对话框,再单击"确定"按钮完成条件格式的设置。要清除条件格式时,首先选择要清除条件格式的单元格或区域,然后从"条件格式"菜单中选择"清除规则"命令即可[如图 9-27(a)所示]。

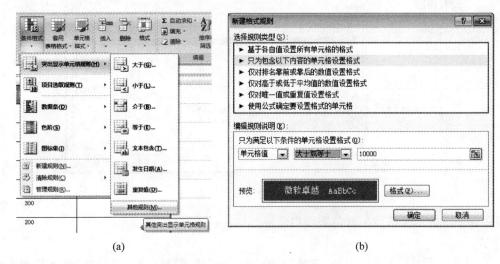

(a)　　　　　　　　　　　　(b)

图 9-27　条件格式设置

11. 数据处理

(1) 排序

对表格数据进行排序,可以使数据看起来更有条理,容易发现其中蕴含的规律。

要求:针对工作表"图书采购清单"中的出版社进行升序排序,出版社相同时,按照采购量升序排序。

方法:选择要排序的整个数据表区域 A2:I25,在"开始"选项卡"编辑"组中选择"排序和筛选"下的"自定义排序"命令(如图 9-28 所示),弹出"排序"对话框(如图 9-29所示)。每一组排序条件都由三部分组成,其中关键字指明按照哪个列排序,第 1 个条件的关键字为主要关键字,其他条件的关键字为次要关键字。"排序依据"指明按照单元格的数值排序还是按照格式排序,"次序"指明是升序还是降序。

图 9-28　"排序和筛选"菜单

① 主关键字利用下拉列表选择"出版社"。

② 单击"添加条件"按钮,添加排序条件。在此关键字后的下拉列表中选择"采购量(本)"(如图 9-29 所示)。

(2) 分类汇总

分类汇总是对数据清单进行数据分析的一种方法。分类汇总首先对数据库中指定的字段进行分类,然后统计同一类记录的有关信息。统计的内容可以由用户指定,可以统计同一类记录的记录条数,也可以对某些数值段求和、求平均值、求极值等。

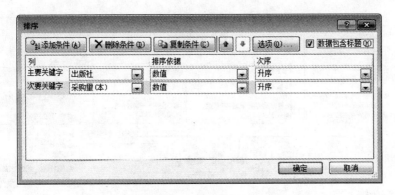

图 9-29　"排序"对话框

要求：针对出版社进行分类汇总各出版社的采购金额。

方法：

① 根据分类的字段进行排序，这里按"出版社"升序排列（方法见排序）。

② 选择"数据"选项卡"分级显示"组中的"分类汇总"命令，在弹出的"分类汇总"对话框中设置"分类字段"为"出版社"、"汇总方式"为"求和"、"选定汇总项"选择"采购金额"（如图 9-30 所示），单击"确定"按钮。

③ 在按下 Ctrl 键的同时，依次单击行头，选定标题（第 2 行）、6 个汇总项及"总计"，进行复制；选择工作表"示意图"，单击单元格 A1，打开"开始"选项卡"剪贴板"组中的"粘贴"命令下拉菜单，选择"粘贴数值"。

④ 删除空列及每行第 1 列中的"汇总"二字，添加序号列，得到最终汇总数据表（如图 9-31 所示）。

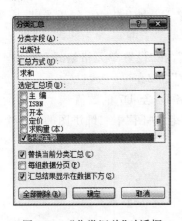

图 9-30　"分类汇总"对话框

	A	B	C
1	序号	出版社	采购金额
2	1	国防科技大学出版社	108620
3	2	上海交通大学出版社	19300
4	3	武汉大学出版社	18990
5	4	西北工业大学出版社	12150
6	5	西南财经大学出版社	40452
7	6	中共党史出版社	7050

图 9-31　最终汇总结果

12. 图表的建立

图表是一种非常有力的数据呈现工具，在数据可视化方面具有不可替代的作用。对于以数据为中心的 Excel 2010 来说，虽然有很多图形化手段，但图表的重要性要更加突出一些。Excel 2010 自带各种各样的图表，如柱形图、折线图、饼图、条形图、面积图、散点图等（如图 9-32 所示），各种图表各有优点，适用于不同的场合。

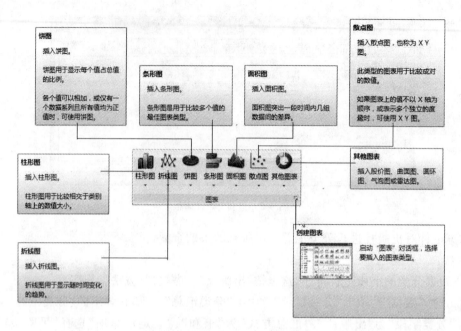

图 9-32   Excel 2010 自带图表形式

要求：根据工作表"示意图"数据绘制应付各出版社采购金额在整个采购金额中所占百分比的饼图(如图 9-1 所示)。

方法：

① 在 B8 中输入"总金额"，单击单元格 C8，在"开始"选项卡的"编辑"组中单击按钮 **Σ 自动求和 ˅** ，按回车完成计算。

② 单击单元格 D1，输入"所占百分比"，单击单元格 D2，输入"＝C2/＄C＄8"，回车后得到各出版社所需采购金额占总额的百分比。

③ 右击 D2，在快捷菜单中选择"设置单元格格式"，在"设置单元格格式"对话框中，选择"数字"选项卡，"分类"选择"百分比"、设置"小数位数"为 2。

④ 选择单元格 D2，拖拉填充柄，依次计算出单元格 D3 至 D7 的数值。

⑤ 选择单元格 D2：D7，单击"插入"选项卡"图表"组"饼图"中二维饼图的第一个，即生成一张饼图(如图 9-33 所示)。

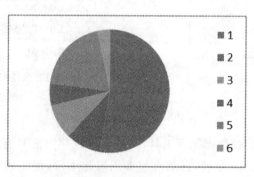

图 9-33   自动生成饼图

⑥ 右击饼图,在快捷菜单中选择"选择数据",弹出"选择数据源"对话框(如图 9-34 所示),选择"系列 1",单击"图例项"下的"编辑",弹出"编辑数据系列"对话框,在"系列名称"中输入"采购所占百分比"(如图 9-35 所示)。单击"水平(分类)轴标签"下的"编辑"按钮,弹出"轴标签"对话框,在"轴标签区域"中输入"水平(分类)轴标签"所在的单元格地址"＝示意图！＄B＄2：＄B＄7"(如图 9-36 所示)。单击"确定"按钮后返回"选择数据源"对话框(如图 9-37 所示)。

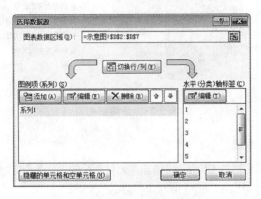

图 9-34　"选择数据源"对话框

图 9-35　修改"系列名称"

图 9-36　修改水平分类"轴标签"

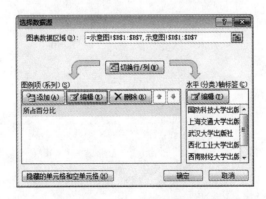

图 9-37　参数修改后的"选择数据源"对话框

⑦ 单击"确定"按钮后,形成最终饼图(如图9-38所示)。

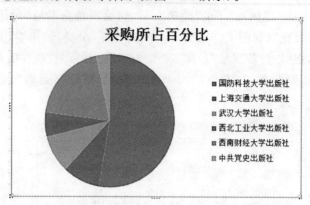

图9-38　最终饼图

13. 保存文件,退出系统

① 单击快速访问工具栏按钮 ![save],或单击"文件"下的"保存"或"另存为"命令,将文档保存到"D:\Excel",文件名为"Excel 2010 实例. xlsx"。

② 单击"文件"菜单按钮,选择"退出",退出系统。

PowerPoint 2010 演示文稿　实验 10

实验目标

（1）学习和掌握 PowerPoint 2010 的启动、工作环境、文件保存和退出。

（2）掌握演示文稿中幻灯片版式、模板的选择和设置方法。

（3）掌握演示文稿中的字体和段落设置方法。

（4）掌握在幻灯片中设置对象链接的方法。

（5）掌握具有多种动画效果的幻灯片制作方法。

（6）掌握演示文稿的放映方法。

实验内容

将实验素材中"PowerPoint"下的文件复制到"D:\PowerPoint"下,参考样张(如图 10-1 所示)进行编辑排版操作。

实验操作

PowerPoint 是一款专门用来制作演示文稿的应用软件,也是 Microsoft Office 系列软件中的重要组成部分。使用 PowerPoint 可以制作出集文字、图形、图像、声音以及视频等多媒体元素为一体的演示文稿,让信息以更轻松、更高效的方式表达出来。

1. PowerPoint 2010 的启动与退出

（1）启动 PowerPoint 2010

运行"开始"→"所有程序"→ Microsoft Office → Microsoft Office PowerPoint 2010 命令(如图 10-2 所示),也可以利用双击 Windows 桌面上的 PowerPoint 2010 快捷图标、打开已有的 PowerPoint 文件或双击 PowerPoint 2010 程序文件启动 PowerPoint。

（2）PowerPoint 2010 的工作界面(如图 10-3 所示)

①"文件"选项卡

单击"文件"进入 Backstage 视图,包括文件的打开、保存、存储和打印、退出等命令,另外其中的"选项"命令按钮还能引导用户进行程序设置,包括快速访问工具栏、标题栏、功能区等,其组成类似 Word 2010 界面。

图 10-1　样张

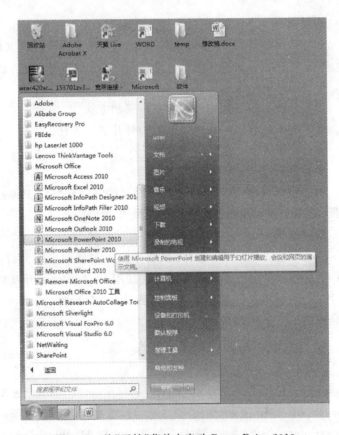

图 10-2　从"开始"菜单中启动 PowerPoint 2010

② 视图

PowerPoint 2010 提供了"普通视图"、"幻灯片浏览视图"、"备注页视图"和"幻灯片放映"4 种视图模式。每种视图都包含该视图下特定的工作区、功能区和其他工具。在不同的视图中,都可以对演示文稿进行编辑和加工,同时这些改动都将反映到其他视图中。切换视图可以在功能区中选择"视图"选项卡下"演示文稿视图"组中相应的按钮(如图 10-4 所示)。

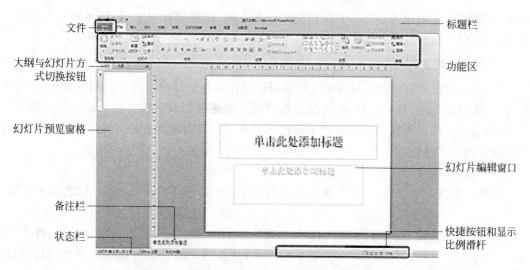

图 10-3　Microsoft Office PowerPoint 2010 界面

图 10-4　"视图"选项卡

③ 状态栏

状态栏位于窗口的底部,用于显示当前操作的相关提示及状态信息。通常,状态栏左侧显示"当前幻灯片编号/总幻灯片数",状态栏右侧依次显示"视图选择"按钮、"缩放级别"按钮和"显示比例"调整滑块(如图 10-5 所示)。

图 10-5　状态栏

(3) 退出 PowerPoint 2010

单击程序窗口右上角(即标题栏右侧)的"关闭"按钮或单击"文件"选择"关闭",在展开的列表中单击"退出 PowerPoint"按钮。

2. 演示文稿的创建

在 PowerPoint 中,使用 PowerPoint 制作出来的整个文件叫演示文稿。而演示文稿中的每一页叫做幻灯片,每张幻灯片都是演示文稿中既相互独立又相互联系的部分。

要求:建立一个新的空演示文稿。

方法:空演示文稿由带有布局格式的空白幻灯片组成,可以在空白的幻灯片上设计出具有鲜明个性的背景色彩、配色方案、文本格式和图片等。当打开 PowerPoint 2010 应用程序时,系统自动生成一个空演示文稿"演示文稿 1.ppt",默认包括一张空白的"标题幻灯片"。

也可以使用"文件"选择"新建"菜单命令,在菜单中选择不同模板创建格式化的空演示文稿。其中"主题"是预先定义好的演示文稿,它定义了样式、风格,包括幻灯片的背景、装饰图案、文字布局及颜色大小等。系统提供了许多主题,以供设计时选择,还可对其进行进一步的编辑修改,达到最佳效果。

3．演示文稿的编辑

在 PowerPoint 2010 中,对演示文稿的编辑操作主要是针对幻灯片进行的,包括添加新幻灯片、选择幻灯片、复制幻灯片、调整幻灯片顺序和删除幻灯片等。在对幻灯片的操作过程中,最为方便的视图模式是幻灯片浏览视图。对于小范围或少量的幻灯片操作,也可以在普通视图模式下进行。

(1) 添加幻灯片

要求:添加 4 张幻灯片,第 1 张幻灯片版式为"标题幻灯片",其他为"标题和内容"幻灯片。

方法:选择第 1 张幻灯片,在"开始"选项卡的"幻灯片"组中单击一次"新建幻灯片"按钮,即可添加一张版式为"标题和内容"的幻灯片,或直接在幻灯片预览窗口选中幻灯片,按回车键即在该幻灯片后添加一张新幻灯片。当需要应用其他版式时,单击"新建幻灯片"按钮右下方的下拉箭头,在弹出的菜单中选择需要的版式,可将其应用到当前幻灯片中(如图 10-6 所示)。

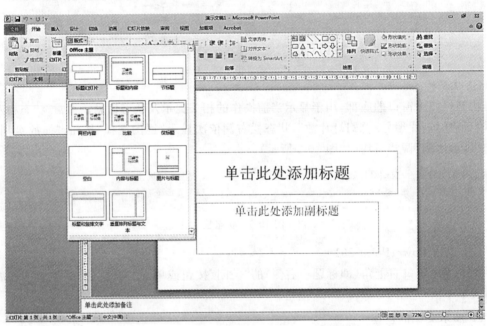

图 10-6　幻灯片版式选择

(2) 选择幻灯片

要求:选中第 1 张幻灯片。

方法:单击第 1 张幻灯片。

在 PowerPoint 2010 中,用户可以选中 1 张或多张幻灯片,然后对选中的幻灯片进行操作。多张幻灯片的选择方法如下。

① 选择编号相连的多张幻灯片时,首先单击起始编号的幻灯片,然后在按住 Shift 键的

同时,单击结束编号的幻灯片。

② 选择编号不相连的多张幻灯片时,在按住 Ctrl 键的同时,依次单击需要选择的每张幻灯片。若在按住 Ctrl 键的同时再次单击已被选中的幻灯片,则该幻灯片被取消选择。

(3) 复制幻灯片

要求:复制第 2 张幻灯片到第 3 张幻灯片。

方法:在浏览视图中,选中第 2 张幻灯片,在"开始"选项卡"剪贴板"组中单击"复制"按钮;光标移至第 2 张幻灯片后,在"开始"选项卡的"剪贴板"组中单击"粘贴"按钮。

(4) 删除幻灯片(自行练习)

选中幻灯片后,在"开始"选项卡的"幻灯片"组中单击"删除"按钮。

(5) 调整幻灯片顺序(自行练习)

在制作演示文稿时,如果需要重新排列幻灯片的顺序,就需要移动幻灯片。其操作步骤与使用"复制"和"粘贴"按钮相似。也可以在浏览视图下,直接拖动幻灯片来调整幻灯片顺序。

4. 幻灯片的编辑

(1) 主题设置

主题是预先定义好的演示文稿,包括幻灯片的样式、风格、幻灯片背景、装饰图案、文字布局及颜色大小等,可以先选择演示文稿的整体风格,然后再进行进一步的编辑修改。

要求:将演示文稿的主题设置为"龙腾四海"。

方法:单击"设计"选项卡的"主体"组中第二行的第十个主题"龙腾四海"主题按钮(如图 10-7 所示),系统还提供了"颜色"、"字体"和"效果"等对预设主题进行适当修改,达到最佳效果。

图 10-7　幻灯片主题选择

(2) 文本编辑

文本是幻灯片中最常见的对象。文本编辑主要包括选择、复制、粘贴、剪切、撤销与恢复、查找、替换等,编辑方法与 Microsoft Office Word 中的文本编辑类似。

① 文本添加

添加文本的方法有很多种,通常是用文本框或从外部导入文本来添加。

要求:在第 1 张幻灯片中,设置主标题为"美丽的南京",副标题为编辑文档当天日期,右上角添加文本框"东郊篇";第 2 张幻灯片为目录幻灯片,标题为"目录",四行内容为"紫金山、中山陵、明孝陵、梅花山";分别在第 3、第 4、第 5 和第 6 张幻灯片中,添加文件"紫金山.txt"、"中山陵.txt"、"明孝陵.txt"和"梅花山.txt"中的文本。

方法:

a. 选中第 1 张幻灯片,单击文本框"单击此处添加标题",输入"美丽的南京",单击文本框"单击此处添加副标题",选择"插入"选项卡"文本"组中的"日期与时间",添加形如"××××年××月××日"的日期。

b. 单击"插入"选项卡"文本"组中的"文本框",移动光标到第 1 张幻灯片内的适当位置,单击后拖动鼠标即可在幻灯片中插入一个文本框,然后在此文本框中输入文本"东郊篇"。

c. 单击第 2 张幻灯片,输入标题文字"目录",分行输入幻灯片内容"紫金山"、"中山陵"、"明孝陵"、"梅花山"。

d. 单击第 3 张幻灯片,输入标题文字"紫金山",通过资源管理器打开文件"紫金山.txt",选择所有文字,单击"开始"选项卡"剪贴板"组中的"复制",将文本粘贴到幻灯片中的"单击此处添加内容"的文本框中,在标题框中输入"紫金山"。

仿照样张,依次将"中山陵"、"明孝陵"和"梅花山"等文本文件中的内容插入第 4、5、6 张幻灯片。

② 设置文本的基本属性

文本的基本属性设置包括字体、字形、字号及字体颜色等的设置。

要求:将第 1 张幻灯片标题设置为"蓝色","隶书"、72,副标题为"隶书"、32,文本框为"隶书"、48;其他幻灯片标题为"隶书"、60,正文为"华文新魏"、32,段落行距为 1.5 倍。

方法:选择第 1 张幻灯片,可直接选中文本,也可单击文本对象所在的边框,使所选对象的边框点虚线变为单实线,使要设置的格式适用于整个对象的文本。利用"开始"选项卡"字体"组中的字体、字号功能进行设置[如图 10-8[a]所示],也可单击右键,在快捷方式中选择字体、字号功能进行设置[如图 10-8[b]所示]。

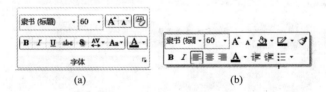

(a)　　　　　　　　(b)

图 10-8　幻灯片文本格式设置

③ 设置特殊文本格式(自行练习)

除了可以设置最基本的文字格式外,系统还可以在"开始"选项卡的"字体"组中,选择相应按钮来设置文字的其他特殊效果,如为文字添加删除线等。单击"字体"组中的 ⌐,在打开的"字体"对话框(如图 10-9 所示)中设置特殊的文本格式。

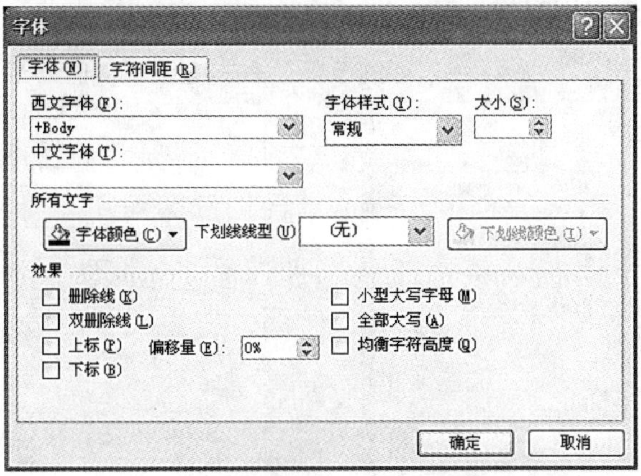

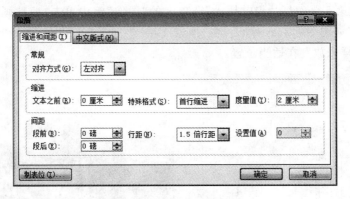

图 10-9　"字体"对话框

④ 段落格式设置

要求：设置第 2～6 张幻灯片的正文行距为 1.5，首行缩进为 2 厘米。

操作：选中第 2 张幻灯片文本框对象，使边框成为实线，单击"开始"选项卡"段落"组的右下角按钮 ，在弹出的"段落"对话框(如图 10-10 所示)中设置行距为 1.5 倍，"特殊格式"设置为"首行缩进"2 厘米。

图 10-10　"段落"对话框

⑤ 项目符号与编号

项目符号用于强调一些特别重要的观点或条目，从而使主题更加鲜明、突出，而为不同级别的段落设置项目编号，可以使主题层次更加分明、清晰。

要求：在"目录"幻灯片中对内容添加项目符号 。

方法：单击第 2 张幻灯片，选择需要添加项目符号的段落，在"开始"选项卡"段落"组中，单击"项目符号"按钮 右侧的下拉箭头，打开"项目符号"菜单，选择需要使用的项目符号 命令[如图 10-11(a)所示]，在"项目符号和编号"对话框中可供选择的项目符号类型共有 7 种，如果不够，可单击"项目符号和编号"，在对话框的"项目符号"中将图片设置为项目符号。若要为段落设置项目编号，同样先将光标定位在相关段落中，然后打开"项目编号"按钮 右侧的下拉箭头，打开项目编号菜单[如图 10-11(b)所示]，在该菜单中选择需要使用的项目编号命令即可。如果要修改起始编号或字符大小,也可单击"项目符号和编号",在对话框的"编号"选项卡中设置。

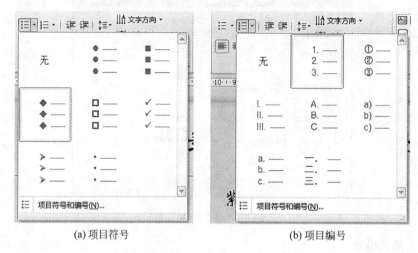

(a) 项目符号   (b) 项目编号

图 10-11   "项目符号与编号"设置菜单

(3) 图片编辑

① 插入剪贴画

要求:仿照样张在第 1 张幻灯片中加入剪贴画 building。

方法:选中第 1 张幻灯片,在"插入"选项卡的"图像"组中单击"剪贴画"按钮,打开"剪贴画"任务窗格[如图 10-12(a)所示],在"搜索文字"中输入 building,选择如图 10-12(b)所示的剪贴画,按样张放置在适当位置。

(a)   (b)

图 10-12   "剪贴画"对话框

② 插入图片

利用"插入"选项卡"插图"组中的"图片"按钮,可以插入磁盘中的各类图片。

要求：仿照样张在第 3、4、5 和 6 张幻灯片中分别插入"D:\PowerPoint"中的图片"紫金山.jpg"、"中山陵.jpg"、"明孝陵.jpg"和"梅花山.jpg"。

方法：选中第 3 张幻灯片，单击"插入"选项卡"插图"组的"图片"按钮，在"插入图片"对话框中，选择"D:\PowerPoint\紫金山.jpg"文件。按样张放置在适当位置，并调整图片属性。

➢ 调整图片大小：选中图片后，移动光标到图片周围的 8 个白色控制点时，光标指针变为双箭头，按下左键拖动控制点，即可调整图片的大小。

✓ 当拖动图片 4 个角上的控制点时，图片的长宽比例保持不变。

✓ 拖动 4 条边框中间的控制点时，图片的长宽比例可以修改。

✓ 按住 Ctrl 键调整图片大小时，图片中心位置不变。

➢ 旋转图片：选中图片时，图片周围出现 1 个绿色的旋转控制点。拖动该控制点，可自由旋转图片。若单击"格式"选项卡"排列"组中的"旋转"按钮，可以选择图片旋转方向。

➢ 裁剪图片：单击"格式"选项卡"大小"组中的"裁剪"按钮，可以删除图片中多余的部分。

仿照样张在演示文稿中按要求设置其余幻灯片。

（4）调整对象

① 更改对象大小

选中需调整的对象如文本框，单击文本框边框，当边框四周出现八个控制点时，用光标移动至任意一个控制点处，待光标变为双向箭头的形式时，按下左键拖动可进行更改，文本框内的文字字号将随文本框的大小自动调整。

② 移动对象

将光标移动至边框处，待光标变为十字箭头的形状时，按下左键，将对象拖动到指定的位置。

（5）母版的编辑

PowerPoint 2010 包含三个母版：幻灯片母版、讲义母版和备注母版。当需要设置幻灯片风格时，可以在幻灯片母版视图中进行设置；当需要将演示文稿以讲义形式打印输出时，可以在讲义母版中进行设置；当需要在演示文稿中插入备注内容时，则可以在备注母版中进行输入。幻灯片母版中的信息包括字形、占位符大小和位置、背景设计和配色方案。通过更改这些信息，就可以更改整个演示文稿中幻灯片的外观。

要求：仿照样张在除标题幻灯片外的所有幻灯片的右上角添加"南京市标.jpg"。

方法：选择"视图"选项卡"演示文稿视图"组中的"幻灯片母版"功能，打开"幻灯片母版"视图（如图 10-13 所示），选择"插入"选项卡"插图"组中的"图片"功能，在"插入图片"对话框中选择文件"南京市标.jpg"，将图片添加到幻灯片母版，就会自动添加到所有幻灯片上，单击"关闭"组的"关闭母版视图"。

（6）设置页眉和页脚

在制作幻灯片时，可以利用 PowerPoint 2010 提供的页眉页脚功能，为每张幻灯片添加相对固定的信息。

要求：为除标题幻灯片外的其他幻灯片添加页脚"美丽的南京"。

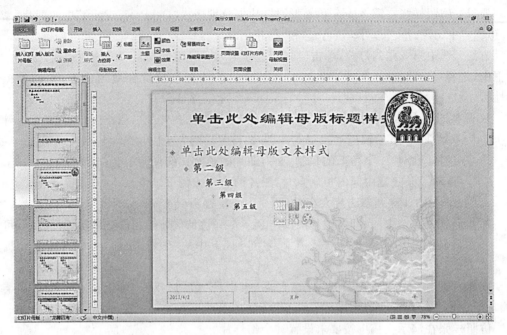

图 10-13 "幻灯片母版"视图

方法：

① 选择"插入"选项卡"文本"组中的"页眉和页脚"功能，打开"页眉和页脚"对话框，选择"页脚"复选框，在其下的文本框中输入"美丽的南京"，选择"标题幻灯片中不显示"复选框（如图 10-14 所示）。

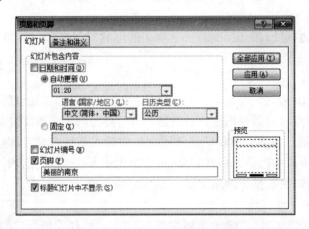

图 10-14 "页眉和页脚"对话框

② 选择"视图"选项卡"演示文稿视图"组中的"幻灯片母版"功能，打开"幻灯片母版"视图，选择页脚文本框，将字体设置为"黑色"、"华文中宋"。

5. 设置动画

（1）设置幻灯片的切换效果

幻灯片切换效果是指两张幻灯片交替显示在屏幕上的方式。

要求：设置幻灯片放映时的"随机线条"。

　　方法：选择"切换"选项卡"切换到此幻灯片"组中的"切换"功能，选择"随机线条"（如图 10-15 所示）。如果在切换的同时想添加声音效果，可以在"切换"选项卡的"记时"组中单击"声音"按钮，在下拉列表中选择幻灯片切换时的适当伴音。

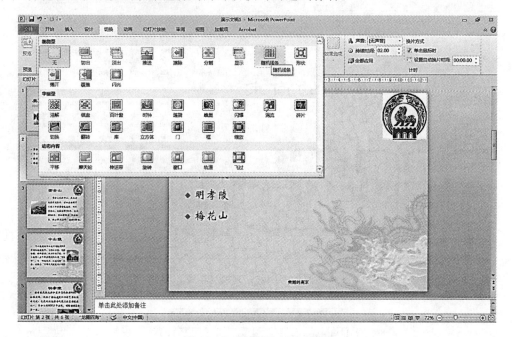

图 10-15　"幻灯片切换"效果

　　（2）自定义动画

　　自定义动画是指为幻灯片内部各个对象设置的动画，可以分为项目动画和对象动画。其中项目动画是指为文本中的段落设置的动画，对象动画是指为幻灯片中的图形、表格、图像等设置的动画。

　　① 添加动画效果

　　"进入"、"强调"和"退出"动画可以设置文本或其他对象以多种动画效果进入、突出或退出放映屏幕。

　　要求：设置第 1 张幻灯片中的标题"美丽的南京"的动画效果为"进入"→"淡出"。

　　方法：在第 1 张幻灯片中，选择标题文字"美丽的南京"；单击"动画"选项卡"高级动画"组中的"添加动画"，在其下拉列表框（如图 10-16 所示）的"进入"中选择"淡出"；若没有该选项，则选择"更多进入效果"，在"添加进入效果"对话框中选择（如图 10-17 所示）。

　　② 利用动作路径制作动画效果

　　动作路径动画可以指定文本、图片等对象沿预定的路径运动，包括系统预设路径效果和自定义路径动画。

　　要求：设置第 1 张幻灯片中的文字"—东郊篇"的动画效果为"动作路径"→"八边形"。

　　方法：在第 1 张幻灯片中，选择文本框"—东郊篇"；选择"动画"选项卡"高级动画"组中的"添加动画"功能，在其下拉列表框中单击"其他动作路径"［如图 10-18（a）所示］，在"添加动作路径"对话框中选择"八边形"［如图 10-18（b）所示］。

计算机科学导论(第 2 版)实验指导

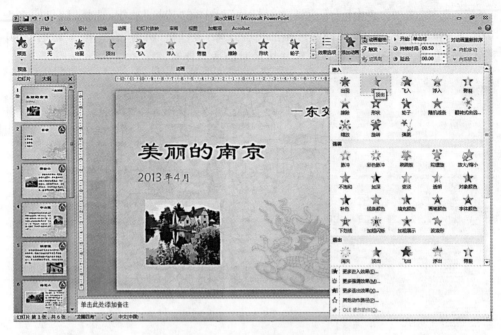

图 10-16 "动画"设置

图 10-17 "添加进入效果"对话框

③ 设置动画选项

当为对象添加了动画效果后,该对象就应用了默认的动画格式。这些动画格式主要包括动画开始运行的方式、变化方向、运行速度、延时方案、重复次数等,这些均可以修改。

要求:设置第 3 张幻灯片中正文的"进入"动画效果为"自顶部"的"擦除","持续时间"为 1s;图片的"强调"动画效果为"放大/缩小","持续时间"为 1 秒。

方法:在第 3 张幻灯片中选择正文文本框后,在"动画"选项卡"动画"组的下拉菜单(如

(a)

(b)

图 10-18　"添加动作路径"动画效果

图 10-19 所示)中,选择"擦除",在"动画"组中选择"效果选项",在下拉列表中选择"自顶部",在"计时"组的"持续时间"中输入"1"(如图 10-20 所示)。

对图片进行同样的动画设置,按第 2 张幻灯片的动画格式对第 3、4、5 张幻灯片进行动画设置。

④ 更改动画格式(自行练习)

单击幻灯片中已设置好动画的对象,在"动画"选项卡的"动画"组中选择其他效果即可,若要删除动画,则选择"无"(如图 10-19 所示)。

(3) 设置超链接

超链接是指向特定位置或文件的一种连接方式,可以利用它指定程序的跳转位置。

要求:对第 2 张"目录"幻灯片的正文设置超链接至相应各张幻灯片。

方法:选择第 2 张幻灯片中的文字"紫金山",在右击快捷菜单中选择"超链接",在"插入超链接"对话框中,单击"本文档中的位置",选择幻灯片"紫金山"(如图 10-21 所示),单击

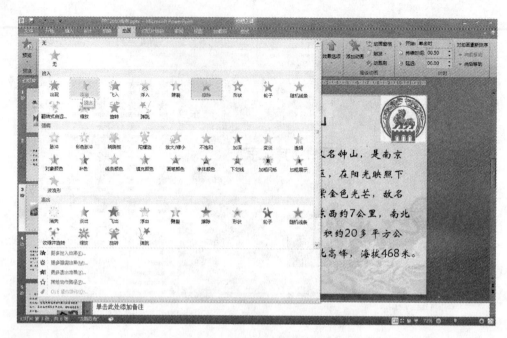

图 10-19 "添加动画"按钮列表

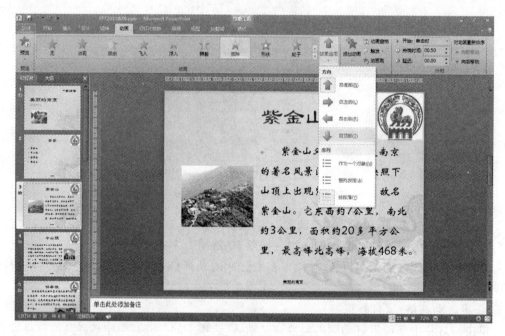

图 10-20 动画设置

"确定"按钮。用同样的方法设置文字"中山陵"、"明孝陵"、"梅花山"的超链接。

(4)设置动作按钮

动作按钮是系统预先设置好的一组带有特定动作的图形按钮,这些按钮被预先设置为指向前一张、后一张、第一张、最后一张幻灯片等链接,可以实现在放映幻灯片时的跳转。

要求:在第 3、4、5、6 张幻灯片中添加返回目录幻灯片的动作按钮。

图 10-21　"插入超链接"对话框

方法：选中第 3 张幻灯片，单击"插入"选项卡"插图"组的"形状"，在下拉菜单中选择"动作按钮：开始"（如图 10-22 所示），这时，鼠标形状成为十字形**十**。

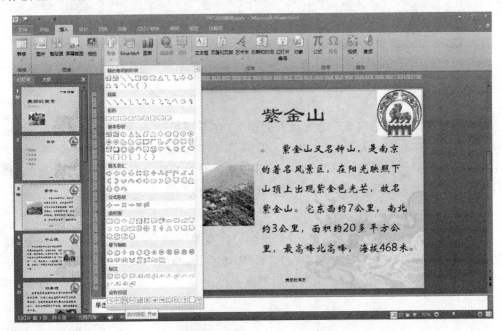

图 10-22　"动作按钮"选择菜单

在幻灯片的左下角按下左键并拖动，拖动处出现所设置动作按钮的虚线形状，松开左键，出现"动作按钮"和"动作设置"对话框（如图 10-23 所示）。在"动作设置"对话框中，单击"超链接到"单选框，并打开链接目的地的下拉按钮，在出现的下拉菜单中选择"幻灯片"命令，在弹出的"超链接到幻灯片"中选择"目录"，单击"确定"按钮，即为该动作按钮设置了超链接。用同样的方法设置第 4、5、6 张幻灯片。

如果要修改已设置过的超链接，可右击对象选择"编辑超链接"命令，出现"动作设置"对话框，按以上所述步骤重新设置链接。

图 10-23　"动作设置"对话框

6. 放映演示文稿

制作幻灯片的目的是向观众播放最终的作品,在不同场合、不同观众的条件下,可选择不同的播放方式。在 PowerPoint 2010 中,提供了 4 种不同的幻灯片播放模式,可以从"幻灯片放映"选项卡"开始放映幻灯片"组中,选择"从头开始放映"、"从当前幻灯片放映"、"广播幻灯片"和"自定义幻灯片放映"等不同方式进行放映。

7. 保存文件,退出系统。

① 单击快速访问工具栏按钮 ,或单击"文件"菜单下的"保存"或"另存为"命令,将文档保存到"D:\PowerPoint",文件名为"PPT 2010 实例.pptx"。

② 单击"文件"菜单,选择"退出",退出系统。

PART 4

专业软件的使用

所谓专业软件,就是指那些针对某一特殊用途或应用方向设计的软件。本章介绍的是针对数据库管理、动画制作和图像处理等三个专业软件的使用。

1. 数据库管理系统

数据库是按照数据结构来组织、存储和管理数据的仓库,用于数据管理的软件系统,具有信息存储、检索、修改、共享和保护的功能。Access 是微软公司推出的基于 Windows 的桌面关系数据库管理系统,是 Office 系列应用软件之一。它提供了多种用来建立数据库系统的向导、生成器、模板等,使数据存储、数据查询、界面设计、报表生成等操作规范化,为建立功能完善的数据库管理系统提供了方便。

2. 动画软件

动画是人工制作的动态影像。计算机动画是目前最为理想的动画制作系统,分为二维动画和三维动画。这里介绍的 Flash 是一种交互式的二维动画制作软件,能够在低速率下实现高质量的动画效果,具有体积小、兼容性好、直观动感、交互性强等优点,可以包含简单的动画、视频、复杂文稿演示以及介于它们之间的任何内容,并能通过添加图片、声音、视频和特殊功能,构建丰富的多媒体效果。

3. 图片处理软件

图片处理软件是对数字图片进行修复、合成、美化等各种处理的软件的总称。专业级的图片处理软件 Photoshop 是目前应用最广泛的点阵图像软件之一。它可以将以前手工的照相暗房技术在计算机中以数字化信息的处理方式对图像进行裁切、旋转、修整、调整颜色、分色处理等,并可以在处理后输出到各种不同的介质上,进行打印、分色制版、写真、喷绘、网络传送等。

Access 2010 数据库管理系统 实验 11

实验要求

(1) 熟悉 Microsoft Access 2010 的启动、关闭等一般使用方法。

(2) 掌握创建数据库及表的方法。

(3) 掌握创建数据库表间的关系及相关查询的方法。

实验内容

在 D 盘建立文件夹"\ACCESS",将下列文件存储在该文件夹下。

(1) 用 Access 2010 中自带的模板建立一个名为"选课数据库"的空白数据库。

(2) 建立"学生选课"数据库,添加"课程"、"学生"、"选课"三张表,表结构和数据如表 11-1、表 11-2、表 11-3 所示。

表 11-1　学生表

(a) 学生表结构

字段名称	数据类型	字段长度
学号(主键)	数字	长整型
姓名	文本	10
性别	文本	1
出生日期	日期和时间	
党员	是/否	
专业	文本	20

(b) 学生表数据

学号	姓名	性别	出生日期	党员	专业
1206011201	张　黎	女	1994/9/3	是	软件工程
1206011202	李一鸣	男	1994/10/13	否	网络工程
1206011203	王嘉伟	男	1994/6/30	否	软件工程
1206011204	刘　洁	女	1994/3/23	否	计算机应用
1206011205	杨思敏	女	1994/1/11	否	计算机应用
1206011206	李秀玲	女	1994/5/14	否	网络工程
1206011207	陆文雯	女	1995/1/19	是	计算机应用
1206011208	徐君越	男	1994/12/15	是	网络工程
1206011209	李　凡	男	1994/7/9	否	网络工程

计算机科学导论(第 2 版)实验指导

表 11-2　课程表

(a) 课程表结构

字段名称	数据类型	字段大小
课程号(主键)	数字	长整型
课程名称	文本	20
学分	数字	长整型
学时数	数字	长整型

(b) 课程表数据

课程号	课程名称	学分	学时数
26301	软件工程	3	36
26302	计算机导论	2	24
26303	数据库系统	3	36
26304	操作系统	4	48

表 11-3　选课表

(a) 选课表结构

字段名称	数据类型	字段大小
学号(主键)	数字	长整型
课程号(主键)	数字	长整型
成绩	数字	长整型

(b) 选课表数据

学号	课程号	成绩
1206011201	26301	82
1206011201	26302	78
1206011201	26303	91
1206011202	26302	77
1206011202	26304	86
1206011206	26302	81
1206011207	26301	90
1206011207	26302	67

(3) 建立三个数据表之间的相应关系。

① 按"学号"字段建立"选课表"和"学生表"的关系(多对一的关系,一个学生可以选多门课);

② 按"课程号"字段建立"选课表"和"课程表"的关系(多对一的关系,一门课有很多学生选)。

(4) 建立"学生名单"查询、选修计算机导论的"学生成绩"查询、"学生专业"和"网络工程学生数"查询。

实验操作

数据库管理系统将具有一定结构的数据组成一个集合,这种集合与特定的主题和目标相联系。Access 就是一个数据库管理系统,管理数据库中的数据,可以很方便地管理客户订单、个人通讯录及其他的科研数据。

Microsoft Access 2010 数据库中包含表、查询、窗体、报表、宏和模块,数据库文件的扩展名为".accdb",其默认图标为 Ａ 。

1. Access 2010 的启动

要求:启动 Microsoft Access 2010。

方法:依次单击桌面的"开始"菜单选择"所有程序"下 Microsoft Office 中的 Microsoft Access 2010,即可打开 Microsoft Access 2010 应用程序。

在首次启动 Access 2010 或关闭数据库而没有关闭 Access 2010 时,将显示 Microsoft Office Backstage 视图(如图 11-1 所示)。可以从 Backstage 视图开始着手创建新数据库、打开现有数据库或查看来自 Office.com 的特色内容。

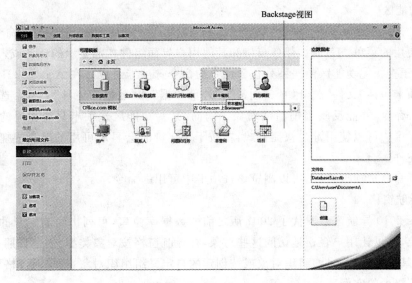

图 11-1 Access 应用程序的 Backstage 视图

打开 Access 2010 时,Backstage 视图显示"新建"选项卡。"新建"选项卡提供多种创建新数据库的方式。

> 空数据库:从头开始创建数据库,针对有非常特别的设计要求或者需要在数据库中存放或合并现有数据的情况。

> 利用 Access 2010 模板:默认情况下,Access 2010 附带安装多个模板。

> 来自 Office.com 的模板:除了 Access 2010 附带的模板之外,可以从"新建"选项卡获得在 Office.com 上的模板。

2. Access 2010 的窗口

选择"创建"数据库后,系统进入 Access 的主窗口(如图 11-2 所示),整个窗口与 Office 其他组件相似,分成功能区、导航窗格和选项卡式对象三个部分。

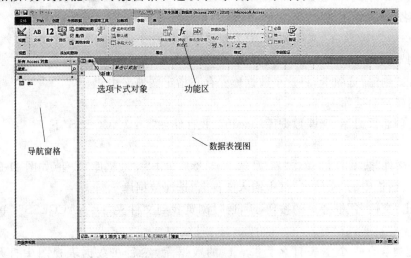

图 11-2 数据库的主窗口

(1) 功能区

功能区是菜单和工具栏等的主要集中部分,提供了 Access 2010 中主要的命令界面,将通常需要使用的菜单、工具栏、任务窗格和其他用户界面组件才能显示的任务或入口点集中于此,以便于查找。功能区由一系列包含命令的命令选项卡组成。在 Access 2010 中,主要的命令选项卡包括"文件"、"开始"、"创建"、"外部数据"和"数据库工具"。每个选项卡都包含多组相关命令,并能反映当前活动对象。因而,某些功能区选项卡只在相应的情形下出现。在功能区中可以使用键盘快捷方式,在按下 Alt 键时会显示可用的键盘快捷方式以激活下方的控件。

选择了命令选项卡之后,可以浏览该选项卡中可用的命令。

(2) 导航窗格

Access 2010 导航窗格取代了 2007 版之前的数据库窗口,可列出当前打开的数据库中的所有对象,并可让用户轻松地访问这些对象,在导航窗格按对象类型、创建日期、修改日期和相关表(基于对象相关性)组织对象或按创建的自定义组组织对象,且导航窗格可以折叠,使之只占用极少的空间。

(3) 选项卡式对象

在默认情况下,表、查询、窗体、报表和宏在 Access 2010 窗口中都显示为选项卡式对象。通过单击对象选项卡,可以在各种对象间轻松切换。

3. 创建数据库

(1) 使用模板创建数据库

模板是直接可用的数据库,其中包含执行特定任务时所需的所有表、查询、窗体和报表。Access 2010 附带有多种模板,可以按原样使用这些模板,也可以在其上添加需要的对象。

要求:根据本机内的模板"教职员"创建"教师"数据库,并存储于"D:\ACCESS"中。

方法:

① 在 Backstage 视图中(如图 11-1 所示),单击"可用模板"中的"样本模板",在系统给出的"样本模板"中选择"教职员"数据库(如图 11-3 所示),模板图标显示在右侧的窗格中,位于"文件名"框的正上方。

② Access 2010 将在"文件名"框中为数据库提供一个建议的文件名,改为"教师";单击 ,通过浏览找到"D:\ACCESS"文件夹。

③ 单击"创建"选项卡,将这个数据库保存在指定文件夹中。

(2) 创建空数据库

要求:创建数据库"选课数据库.accdb",并存储在"D:\ACCESS"下。

方法:

① 在"文件"选项卡上,单击"新建"选项卡,然后单击"空数据库"按钮(如图 11-2 所示)。

② 在右窗格中的"文件名"框中输入文件名"选课数据库"。

③ 单击"文件名"框旁边的按钮 ,通过浏览找到文件夹"D:\ACCESS",单击"创建"选项卡。

由此创建含有一个空表且名为"表 1"的数据库,然后在数据表视图中打开该表(如图 11-4 所示),表示数据库已经创建成功并处于打开状态。

选择模板

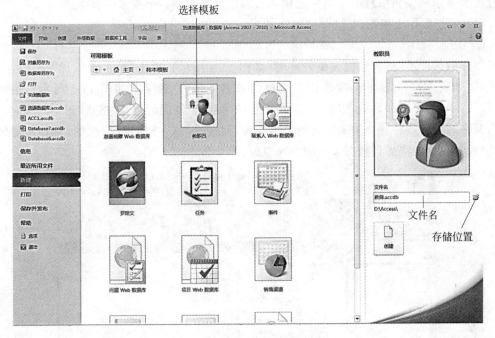

图 11-3　利用模板创建数据库

图 11-4　利用模板创建数据库

4．创建表

表是 Access 数据库的基础,是关系型数据库管理系统的基本结构,是信息的载体。一个数据库可以包含许多表,每个表用于存储有关不同主题的信息。在 Microsoft Access 2010 中,表是一个以记录(行)和字段(列)存储数据的对象。其他对象,如查询、窗体和报表,也是

计算机科学导论(第 2 版)实验指导

通过表来显示和编辑信息的。通常把相关联的信息组织在一个或多个表中。

（1）通过数据表视图创建"学生表"

① 添加字段

创建数据库后，进入数据表编辑环境（如图 11-4 所示），单击"单击以添加"旁边的下拉列表，按如表 11-1(a)所示的要求设置字段的数据类型为"数字"（如图 11-5 所示），也可在"字段"选项卡"添加和删除"组中，单击要添加的字段类型，同时可在"格式"组中对选定的数据类型格式进行调整。如果未看到所需的类型，可单击" 其他字段"按钮，选择所需的字段类型，将新字段添加到数据表中的插入点处。

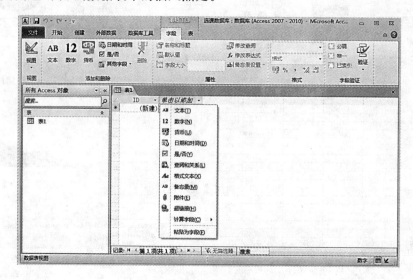

图 11-5　设置字段数据类型

② 修改字段名

数据类型设置后，字段名"字段 1"反显，处于修改状态，输入"学号"；也可以双击列标题，重命名对应的列（字段），按表 11-1(a)所示设置"学生表"各字段的数据类型及字段名（如图 11-6 所示）。

图 11-6　设置"学生表"

③ 保存表结构

单击快速工具栏上的 保存按钮，在系统显示的"另存为"对话框（如图 11-7所示）中输入"学生表"以保存表结构。

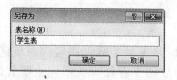

图 11-7　保存"学生表"结构

④ 输入数据

单击第一个空单元格，开始在表中输入数据。在各字段下按实验要求，输入学生表中的所有记录数据（如图 11-8 所示），再直接单击数据表视图右上角的 × 关闭数据表。

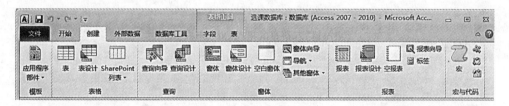

学号	姓名	性别	出生日期	党员	专业	单击以添加
1206011201	张 黎	女	1994/9/3	是	软件工程	
1206011202	李一鸣	男	1994/10/13	否	网络工程	
1206011203	王嘉伟	男	1994/6/30	否	软件工程	
1206011204	刘 洁	女	1994/3/23	否	计算机应用	
1206011205	杨思敏	女	1994/1/11	否	计算机应用	
1206011206	李秀玲	女	1994/5/14	否	网络工程	
1206011207	陆文雯	女	1995/1/19	是	计算机应用	
1206011208	徐君越	男	1994/12/15	是	网络工程	
1206011209	李 凡	男	1994/7/9	否	网络工程	

图 11-8　"学生表"

(2) 通过设计视图创建"课程表"

① 单击"创建"选项卡（如图 11-9 所示）"表"组中的"表设计"按钮 进入表的设计视图（如图 11-10 所示）。

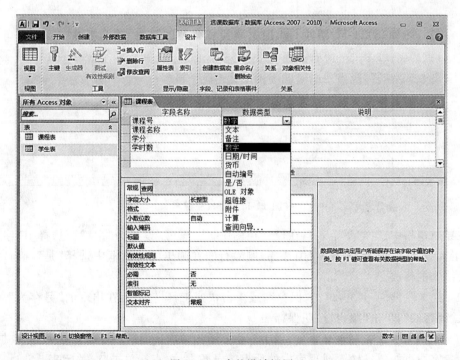

图 11-9　"创建"选项卡

图 11-10　表的设计视图

② 如表 11-2(a)所示,在"字段名称"列中输入名称"课程号",从"数据类型"列表中选择数据类型"数字","字段大小"设置在设计视图窗口下部的"常规"选项卡中进行输入或选择"长整型"(如图 11-8 所示)。如果需要,可在"说明"列中为每个字段输入说明。这样当光标在数据表视图中位于该字段时,对应的说明则显示在状态栏中。依次添加完所有字段。

③ 设置主键:指定"课程号"为主键。关系数据库系统的强大功能来自于其可以使用查询、窗体和报表快速地查找并组合存储在各个不同表中的信息。为了做到这一点,每个表都应该包含一个或一组这样的字段,这些字段是表中所存储的每一条记录的惟一标识,该信息称作表的主键。指定了表的主键之后,Access 将阻止在主键字段中输入重复值或 Null(标明丢失或未知的数据)。主键用来将表与其他表中的外键相关联。在 Microsoft Access 2010 中可以定义三种主键,即"自动编号"主键、单字段主键、多字段主键。在设置为主键的字段前面会有一个主键标志 ⚷ 。如果不定义主键,在保存表时,系统将会询问是否要创建一个主键,这时创建的即为"自动编号"主键。右击"课程号",在快捷菜单中选择"主键",将"课程号"设置为主键;也可单击"表格工具设计"选项卡"工具"组中的主键按钮 ⚷ ,使之呈按下状态,将指定字段设为主键;重复单击 ⚷ 则在设置与取消主键设置间切换(如图 11-11 所示)。

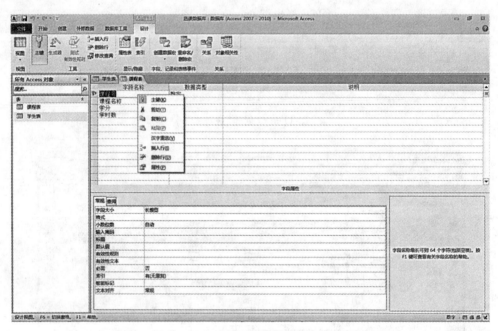

图 11-11　设置主键

在导航窗格中选择"学生表",在设计视图中,将"学号"设置为"主键",选择 ID 字段,在"表格工具设计"选项卡"工具"组中选择"删除行",在弹出的对话框中选择"是",确认删除,保存表结构的修改。

④ 在"文件"选项卡上,单击"保存",或单击快速工具栏按钮,在出现的"另存为"对话框中输入"课程表",单击"确定"按钮保存表。

⑤ 通过单击"表格工具设计"选项卡"视图"组中的"视图"下拉菜单切换至"数据表视图",在各字段下按要求输入课程表中的所有记录数据,再直接单击 ✕ 关闭表。

（3）通过输入数据创建"选课表"

如果没有确定数据表的结构，但是手中有表所要存储的数据，则可以通过输入数据建立表，其操作步骤如下。

① 创建新表：单击"创建"选项卡"表格"组中"表"命令 ▦ ，创建一张新表，进入数据表视图（如图 11-2 所示）。

② 输入数据并修改字段名：将"选课"表每个记录的数据依次输入，右击数据表中的字段名，在弹出的快捷菜单中选择"重命名列"，将字段 1 到字段 3 依次命名为"学号"、"课程号"、"成绩"（也可以双击字段名以改变其名字）。

③ 保存表：选择"文件"菜单中的"保存"，在"另存为"对话框中输入数据表名"选课"，单击"确定"按钮保存表。

④ 切换至设计视图：在导航窗格中选择"选课表"，单击"表格工具设计"选项卡"视图"组中"视图"下拉菜单切换至"设计视图"。

⑤ 修改各字段类型：根据表 11-3(a)所示在设计视图中修改各字段的数据类型。

⑥ 设置主键：同时选中"学号"和"课程号"两个字段（单击的同时按下 Ctrl 键），右击选择"主键"或直接单击工具栏上的按钮 ▨ ，将"学号"和"课程号"两个字段设置为主键。选择 ID 字段，在"工具"组中选择"删除行"，在弹出的对话框中选择"是"，确认删除，保存表结构的修改。

（4）打开表

表可以以"设计"视图或"数据表"视图打开，以"设计"视图打开表时，可以修改或查看表的结构；以"数据表"视图打开表时，可以修改或查看表中的数据。

① 单击导航窗格的顶部在快捷菜单中选择"表"。

② 双击打开"学生表"，表以数据表视图的形式打开。

③ 单击"表格工具字段"选项卡"视图"组中"视图"下拉菜单，可以切换至"设计视图"，通过该按钮，可在两种视图（"设计"视图 ◣ 和"数据表"视图 ▦ ）之间进行切换，设置表的主键为"学号"。

④ 保存结构修改，单击 ▯ 按钮。

5. 建立关系

在 Microsoft Access 数据库中设置了不同的表后，可将各个表之间通过相同的字段内容联系起来，以建立相互间的关系，其步骤如下。

（1）添加相关表

如果数据库没有定义任何关系，需要添加表到数据库中。

① 保存所有的数据表。

② 单击"数据库工具"选项卡"关系"组的"关系"按钮 ▦ 。

③ 在"显示表"对话框（如图 11-12 所示）中，依次选择每张表，单击"添加"按钮或直接双击表名，关闭"显示表"对话框。

（2）编辑关系

① 建立"学生表"与"选课表"的关系：单击"设计"选项卡中"工具"组的"编辑关系"命令，出现"编辑关系"对话框（如图 11-13 所示）。单击"新建"按钮，显示"新建"对话框（如

计算机科学导论（第 2 版）实验指导

图 11-12 "显示表"对话框

图 11-14 所示），设置左表名称为"选课表"，右表名称为"学生表"，左列名称为"学号"，右列名称为"学号"，单击"确定"按钮返回"编辑关系"对话框，单击"创建"按钮。

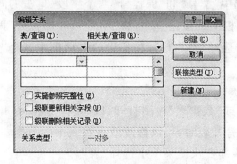

图 11-13 "编辑关系"对话框

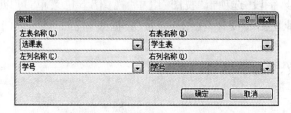

图 11-14 建立选课与学生的关系

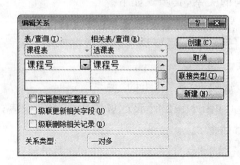

图 11-15 确认建立"选课表"与"课程表"的关系

② 建立"课程"与"选课"的关系：可直接在关系窗口中建立，从"选课表"中将"课程号"字段直接拖动到"课程表"中的"课程号"字段后，出现"编辑关系"对话框（如图 11-15 所示），单击"创建"按钮建立关系（如果要拖动多个字段，在拖动之前按下 Ctrl 键并单击每一字段）。关系创建好后，"选课表"与"学生表"和"课程表"间有一条黑折线连接（如图 11-16 所示）。

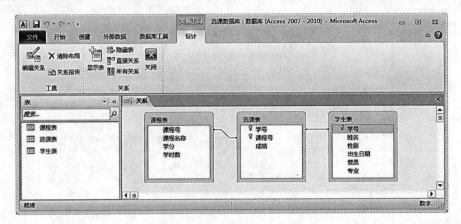

图 11-16　关系已建立

③ 直接单击关系编辑窗口右上角的 ✕ 保存设置的关系。

6. 创建查询

在创建表并输入数据后，就可将各表中的数据按不同的要求组织在一起，也能够根据某一特定的目的查询数据。查询就是对数据库中数据信息的查找。显示查询结果的工作表又称为结果集，内容随基本表的变化而变化，但关闭查询后，其结果集便不存在了，保存的只是查询方式。

如果想多次使用一组数据的某一子集或多个表的联合数据，需要使用查询功能。Access 提供了多种查询方式，包括选择查询、汇总查询、交叉表查询、重复项查询、不匹配查询、动作查询、SQL 特定查询以及在多表之间进行的关系查询等。

Access 2010 提供了多种创建查询的方法，在"创建"选项卡（如图 11-8 所示）"查询"组中，提供利用向导和设计视图两种创建查询的方法，向导创建里又有多种创建查询的向导，可以在其中进行选择。

（1）使用设计视图创建"学生名单"查询

① 在"创建"选项卡"查询"组中选择"查询设计"，显示创建查询的设计视图，并打开"显示表"对话框（如图 11-17 所示）。

② 选择"学生表"，单击"添加"按钮添加表，再单击"关闭"按钮关闭"显示表"对话框。

③ 双击"学生表"中的 *，将表中的所有字段放入此查询中，单击"文件"选项卡中的"保存"，将查询命名为"学生名单"，单击"确定"按钮保存查询。

④ 查看结果：单击导航窗格最上面一行，在快捷菜单中选择"查询"，在列表中选择"学生名单"，则在右侧显示查询结果。

（2）使用向导创建"选修了计算机导论的学生成绩"查询

① 单击"创建"选项卡"查询"组中的"查询向导"，显示"新建查询"对话框（如图 11-18 所示），选择"简单查询向导"。

计算机科学导论(第 2 版)实验指导

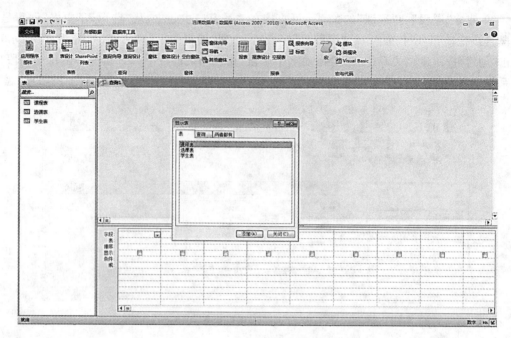

图 11-17 "显示表"对话框

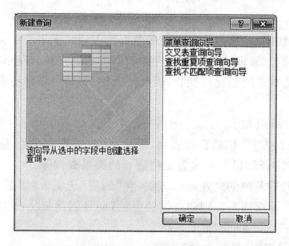

图 11-18 利用向导"新建查询"对话框

② 在弹出的"简单查询向导"对话框"表/查询"中,选中"学生表",将"学生表"中"学号"和"姓名"字段添加到"选定字段"中;选中"课程表",将"课程表"中的"课程号"和"课程名称"字段添加到"选定字段"中;选中"选课表",将"选课表"中的"成绩"字段添加到"选定字段"中(如图 11-19 所示)。其中, >> 表示将所有字段添加到"选定字段"中, > 表示添加选定"可用字段"到"选定字段"中。

③ 单击"下一步"按钮继续,选择"明细"→"明细"表示建立单项查询,"汇总"表示查询汇总结果。

④ 单击"下一步"按钮继续,将查询命名为"学生成绩",选择"修改查询设计",单击"完成"按钮。

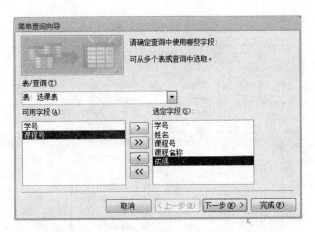

图 11-19   向查询中添加字段

⑤ 打开创建查询的设计视图,在"课程号"下的"条件"中输入"计算机导论"的"课程号"为 26302,将"课程号"和"课程名称"下的"显示"行复选框的选中去掉(如图 11-20 所示)。

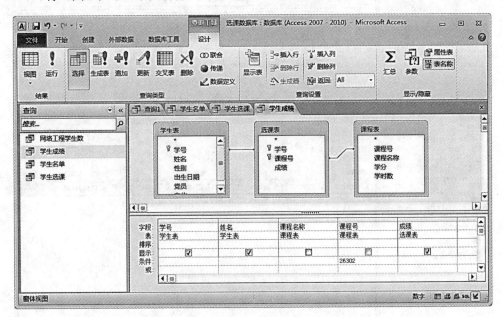

图 11-20   建立查询窗口

⑥ 单击"文件"选项卡中的"保存"或快速工具栏中的保存按钮;单击导航窗格最上面一行,在快捷菜单中选择"查询",在列表中双击"学生成绩"查看查询结果。

(3) 利用 SQL 语句创建"学生专业"和"专业是网络工程的学生人数"查询

① 在"创建"选项卡"查询"组中选择"查询设计",显示"新建查询"对话框(如图 11-17 所示),单击"关闭"按钮,关闭"显示表"对话框。

② 单击"查询工具设计"选项卡"结果"组中的"SQL 视图",或在查询设计界面的右击快捷菜单上选择"SQL 视图"(如图 11-21 所示),出现一个可编辑窗口(如图 11-22 所示),在窗口中输入如下查询语句。

计算机科学导论（第 2 版）实验指导

SELECT 学号,姓名,专业 FROM 学生表;

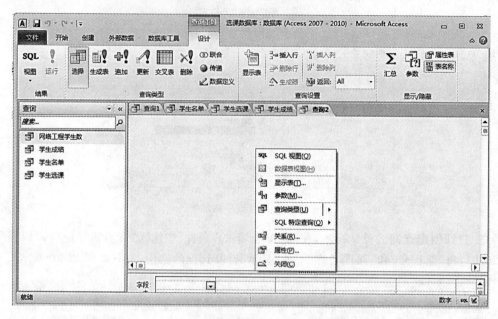

图 11-21 查询设计视图

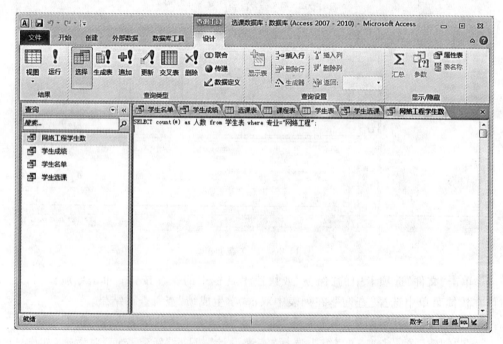

图 11-22 SQL 视图

③ 单击窗口上的 ⊠ ,在"保存"对话框中将查询保存为"学生专业",返回主窗口。双击导航窗格中的"学生专业",查看查询结果。

④ 重复①、②步,在出现的窗口中输入如下查询语句。

SELECT COUNT(*) AS 人数 FROM 学生表 WHERE 专业 = "网络工程";

⑤ 单击窗口上的 ✕ ,在"保存"对话框中将查询保存为"网络工程学生数",返回主窗口。在导航窗格中双击"网络工程学生数",查看查询结果。

7. 保存文件,退出系统

单击"文件"菜单,选择"保存"命令。

单击"文件"菜单,选择"退出",退出系统。

Flash 动画制作　　实验 12

实验要求

(1) 掌握动画制作的基本知识。

(2) 掌握基本 Flash 动画的处理方式及相关技术。

实验内容

利用计算机及 Flash MX 2004 或 Flash 8.0 动画制作软件，学习基本动画技术。

(1) 采用时间轴特效完成一个小球滚动的动画特效。

(2) 采用动画补间完成一个小球沿曲线滚动的动画特效。

(3) 采用形状补间完成一个圆形小球逐渐演变为立方体的动画特效。

实验操作

1. Flash MX 2004 简介

Flash MX Professional 2004 工作界面由以下几部分组成(如图 12-1 所示)。

(1) 舞台：位于整个工作界面中央，是最主要的可编辑工作区域。在这里可以直接绘图，或者导入外部图形文件进行安排编辑，再把各个独立的动画帧合成在一起，以生成电影作品。

(2) 主工具栏：位于工作区顶部，包含菜单和命令，用于创建和修改矢量图形内容。

(3) 时间轴窗口：位于舞台上方，时间轴是 Flash 中最重要的功能之一，可用它安排电影内容的播放顺序、查看每一帧的情况、调整动画播放的速度、安排帧的内容、改变帧与帧之间的关系，从而实现不同效果的动画。

(4) "属性"检查器：用于组织和修改媒体资源。

2. Flash 动画的常见方式

(1) 时间轴特效

Flash MX 2004 提供的时间轴特效主要有变形/变换、分开、展开、投影、模糊等效果。利用时间轴的特效功能，可以很容易地将对象制作为动画。只需选择对象，然后选择一种特效并指定参数、执行几个简单步骤即可完成以

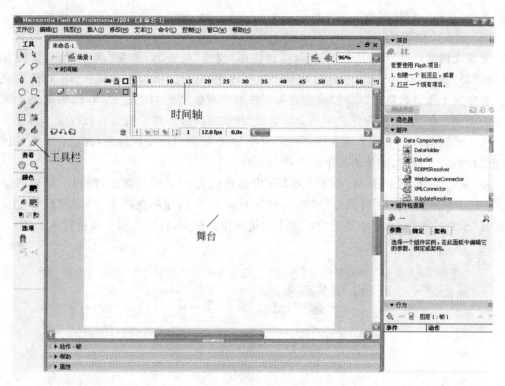

图 12-1 Flash MX Professional 2004 界面

前既费时又需要精通动画制作知识的任务。

（2）补间动画

补间动画是一种通过创建起始帧和结束帧，由系统自动设置中间帧的动画方式。创建补间动画时，可以让 Flash 创建中间帧，以更改起始帧和结束帧之间的对象大小、旋转、颜色或其他属性来创建运动的效果。也可以通过在时间轴上更改连续帧的内容创建动画，在舞台中创作出移动对象、增加或减小对象的大小、旋转、更改颜色、淡入或淡出或者更改对象形状的效果。

Flash 可以创建两种类型的补间动画，即补间动画和补间形状。在补间动画中，在一个时间点定义一个实例、组或文本块的位置、大小和旋转等属性，然后在另一个时间点改变那些属性；也可以沿着路径应用补间动画。在补间形状中，在一个时间点绘制一个形状，然后在另一个时间点更改该形状或绘制另一个形状。Flash 会内插二者之间的帧的值或形状来创建动画。

补间动画是创建随时间移动或更改的动画的一种有效方法，并且能最大程度地减小所生成的文件大小。在补间动画中，Flash 只保存在帧之间更改的值。

（3）逐帧动画

逐帧动画是一种逐帧设置动画元素的动画方式，相对费时。

3．滚动的小球动画的实现

（1）创建 Flash 文档

选择"文件"→"新建"，在随后出现的新建任务窗格中选择"Flash 文档"，单击"确定"按钮。选择"文件"→"另存为",将文件命名为 myfirst.fla,保存到硬盘上合适的位置。

(2) 定义文档属性

配置文档属性是创作中的第一步,可以使用"属性"检查器(如果"属性"检查器没有打开,可选择"窗口"→"属性")指定影响整个应用程序的设置,例如每秒帧数(fps)、播放速度以及舞台大小和背景色。"属性"检查器可以查看和更改所选对象的说明,说明取决于所选对象的类型。例如,如果选择文本对象,"属性"检查器将显示用于查看和修改文本属性的设置。由于此时只打开了一个新文档,所以"属性"检查器只显示文档设置(注意:如果"属性"检查器没有完全展开,需单击右下角的白色三角)。

在"属性"检查器中,确认"帧频"文本框中的数值为 12,"背景颜色"框指示舞台的颜色(如图 12-2 所示)。单击"背景颜色"框上的向下箭头,然后在颜色样本上移动"滴管"工具,以便在"十六进制"文本框中查看它们的十六进制值。例如,找到并单击灰色样本,其十六进制值为 ♯CCCCCC。

图 12-2 "属性"检查器

(3) 定义元件

元件是在 Flash 中创建的图形、按钮或影片剪辑。元件只需创建一次,然后即可在整个文档或其他文档中重复使用。元件可以包含从其他应用程序中导入的插图,它们会自动成为当前文档库的一部分。

本例中要求制作一个滚动的小球,可用矢量图形创建一个小球元件。

选择"插入"→"新建元件",在随后出现的"创建新元件"任务窗格的"名称"文本框中输入 ball,选中"行为"中的"图形"选项按钮(如图 12-3 所示),单击"确定"按钮后进入创建元件的编辑状态。

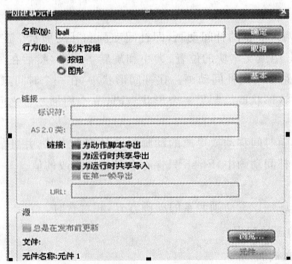

图 12-3 "创建新元件"任务窗格

在绘图工具栏中选椭圆工具,在"属性"检查器中设置该工具填充色为草绿渐近色的球形(如图 12-4 所示)(图中调色板的下方为渐近色选择条)。进一步设置笔触颜色为喜欢的颜色。

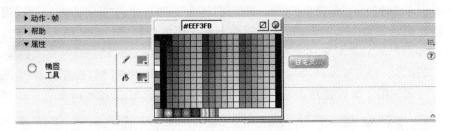

图 12-4　椭圆工具填充色设置

在舞台适当位置画一椭圆(如图 12-5 所示)。如果对所画的小球不满意,可以点选小球,按 Delete 键删掉重画,也可以在小球上按鼠标右键,在弹出的菜单中选择相应修改工具进行修改。

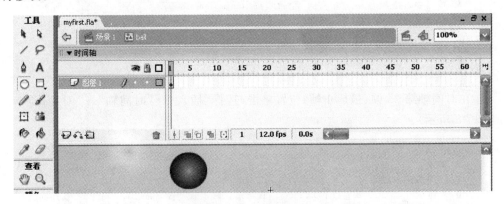

图 12-5　定义好的小球元件

(4) 设计场景

小球元件做好后,单击时间轴左上角的"场景 1"回到主场景。按 Ctrl+L 键打开图库,可以看见已经有一个做好了的名为 ball 的小球元件。将该小球元件拖动到舞台上适当的位置(也可以选择菜单"视图"→"标尺"、打开系统标尺精确定位),时间轴的第 1 帧上的小圆圈已经由空心变成了实心,表明该帧不再为空(如图 12-6 所示)。

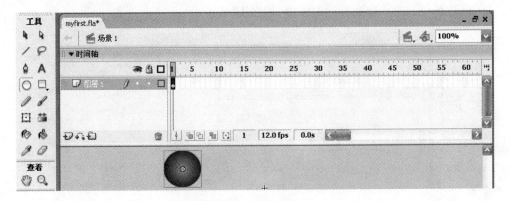

图 12-6　场景设计图 1

计算机科学导论(第 2 版)实验指导

（5）通过补间动画实现滚动小球动画

有两种方法创建补间动画。

① 先创建动画的起始和结束关键帧，再使用"属性"检查器中的"补间动画"选项实现动画。

② 创建动画的第一个关键帧，在时间轴上插入所需的帧数，选择"插入"→"时间轴"→"创建补间动画"，然后将对象移动到舞台上的新位置，Flash 会自动创建结束关键帧。

这里采用后一种方法实现补间动画，规划设置动画长度为 25 帧，操作步骤如下。

① 在时间轴第 1 帧位置单击，连续按 F5 键插入 24 帧（如图 12-7 所示）。

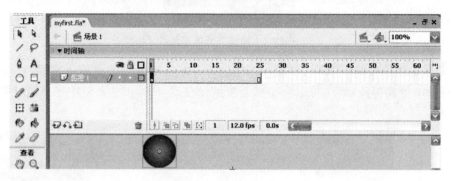

图 12-7　场景设计图 2

② 在时间轴第 25 帧（最后 1 帧）位置单击，选择"插入"→"时间轴"→"创建补间动画"（如图 12-8 所示）。

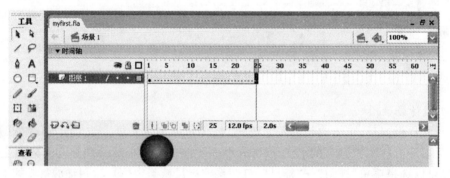

图 12-8　场景设计图 3

③ 拖动舞台上的小球到合适的位置（如图 12-9 所示）。

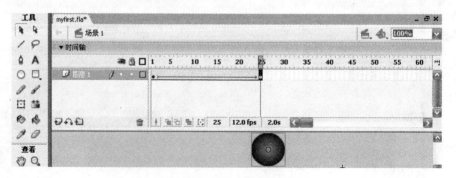

图 12-9　场景设计图 4

④ 选择"控制"→"播放",预览效果,保存文件。

(6) 影片的导出与发布

Flash 动画制作好后,可选择导出或发布影片。

当选择"导出"→"导出影片"时,Flash 将创建一个后缀为 swf 的 Flash 动画文件。可在网页制作工具中选择插入 Flash 影片,将该文件应用到网页中。

当选择"文件"→"发布"时,Flash 将会自动创建一个 HTML 文档,该文档会在浏览器窗口中插入前面设计好的 SWF 文件。可通过"文件"→"发布设置"设置发布参数,并按默认设置发布 Flash 动画,在保存 Flash 文档的目录下创建 myfirst. swf 和 myfirst. html 两个文件。浏览该文件,前面设计的舞台大小为 550×400 的 25 帧 Flash 动画为 570 字节大小。

4. 小球沿曲线滚动的实现

运动渐变只能让物体从开始位置到结束位置呈直线运动,若让物体沿着某条路径进行运动,则需要使用"引导层"。

(1) 在第 1 帧上使用椭圆工具绘制一个小球,填充色为蓝色、不要边框。选中小球,使用 Ctrl+G 键将其组成群组(如图 12-10 所示)。

(2) 在第 30 帧处右击,在弹出的快捷菜单中选择"插入关键帧"命令,插入一个关键帧,然后将小球的位置略作移动(如图 12-11 所示)。

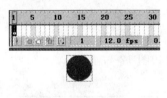
图 12-10　第 1 帧

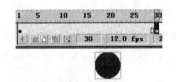
图 12-11　第 30 帧

(3) 创建两帧之间的动画:用鼠标右击第 1 帧,在弹出的快捷菜单中选择"创建补间动画"(如图 12-12 所示)。

(4) 在图层面板上用鼠标右击当前层,在弹出的快捷菜单中选择"添加引导层"(如图 12-13 所示)。

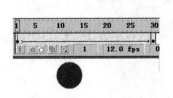
图 12-12　建立运动渐变

图 12-13　属性设置

(5) 鼠标单击"引导层"使其成为当前层,在引导层上的第 1 帧处使用铅笔工具画出小球移动的轨迹(如图 12-14 所示)。

(6) 单击"图层 1",选择图层 1 为当前层,选择第 1 帧,拖动第 1 帧上的小球,放到轨迹的起点,这时小球的中心将出现一个加粗的圆圈,表示小球已经锁定在曲线上(如图 12-15 所示)。

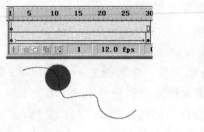

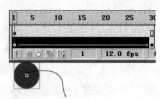

图 12-14　画出轨迹　　　　　　　图 12-15　移动第 1 帧小球

(7) 选择图层 1 的第 30 帧,拖动第 30 帧上的小球,放到轨迹的终点(如图所示 12-16 所示)。

(8) 单击菜单"控制"→"播放"命令,可以看到小球沿着轨迹线运动。

5．小球逐渐演变为正方形的实现

(1) 在第 1 个关键帧(即起始关键帧)中绘制小球。

(2) 在第 2 个关键帧(即结束关键帧)中重新绘制变形后的形状,由于结束关键帧中的形状与起始关键帧中的形状不同,经常使用"插入空白关键帧"命令创建结束关键帧。

(3) 两个关键帧均绘制好后,选择两个关键帧之间的任一帧,在帧属性面板的"补间"复选框中选择"形状",就可创建形状渐变。

下面以小球变为正方形为例,进一步说明具体操作步骤。

① 在第 1 帧处使用椭圆工具绘制一个小球(如图 12-17 所示)。

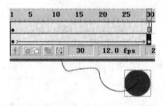

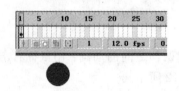

图 12-16　移动第 30 帧上的小球　　　　图 12-17　第 1 帧

② 在第 20 帧处右击,在弹出的快捷菜单中选择"插入空白关键帧",插入一个空白关键帧,使用矩形工具绘制一个正方形(如图 12-18 所示)。

③ 选中第 1 帧,在帧属性面板中的"补间"下拉列表中选择"形状"选项,时间轴上出现浅绿色箭头,表明已经建立了形状渐变(如图 12-19 所示)。

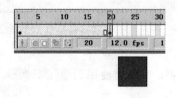

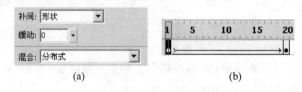

　　　　　　　　　　　　　　　　　　　　(a)　　　　　　　　　　(b)

图 12-18　第 20 帧　　　　　　　图 12-19　建立形状渐变

　　④ 单击菜单"控制"→"播放"命令就可观看圆变成正方形的动画。如图 12-20 所示给出了对象渐变到第 10 帧的形状,可以看出它的图形介于圆形和方形之间了。

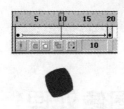

图 12-20　第 10 帧的图形

Photoshop 图像处理　实验 13

实验要求

（1）了解 Photoshop 的基本功能及操作。

（2）通过实验掌握使用 Photoshop 处理图片的基本方法。

实验内容

（1）掌握 Photoshop 的基本功能和操作。

（2）利用 Photoshop 自带的滤镜较为准确地抠图。

（3）利用 Photoshop 拼接多幅图片。

实验操作

Photoshop 是 Adobe 公司旗下最为出名的图像处理软件之一，可提供最专业的图像编辑与处理。在修饰和处理摄影作品和绘画作品时，具有非常强大的功能。

1．Photoshop 的基本功能及操作

（1）启动 Photoshop CS3

在桌面环境下，在"开始"菜单中单击"程序"，找到 Photoshop CS3 选项，打开 Photoshop CS3 应用程序窗口（如图 13-1 所示）。

（2）熟悉 Photoshop CS3 环境

① 菜单栏

菜单栏位于界面最上方。菜单栏上的选项卡主要用于对图层、滤镜、图像等功能的处理，通过这些工具实现对图片的处理。

② 公共栏

公共栏位于菜单栏的下方，主要用来显示工具栏中所选工具的一些选项。选择不同的工具或选择不同的对象时出现的选项也不同。

③ 工具栏

通过工具栏中的工具可实现对图片的修饰等多种处理，几乎每种工具都有相应的键盘快捷键（如图 13-2 所示）。

图 13-1　Photoshop CS3 界面

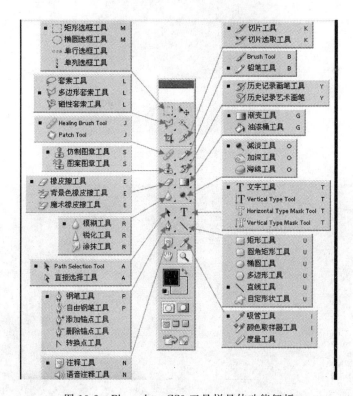

图 13-2　Photoshop CS3 工具栏具体功能解析

计算机科学导论(第 2 版)实验指导

④ 调板区

调板区位于主界面的右方,用来安放制作需要的各种常用的调板,又称浮动面板或面板。调板区的左方称为调板窗,用来存放不常用的调板。为有效利用空间,调板在调板区中只显示名称,单击后才出现整个调板,以防止调板过多挤占了图像的空间。

⑤ 工作区

工作区是除上述各部分之外的区域,用来显示制作中的图像。Photoshop 可以同时打开多幅图像进行制作,图像之间还可以互相传送数据。打开的图像可通过菜单"窗口"底行的图像名称切换,也可以利用快捷键 Ctrl＋Tab 完成。

2. 使用 Photoshop 工具完成对图片的剪切、拼接、添加艺术字等效果

(1) 本次实验中运用到的两个素材分别为"beckham 素材.jpg"和"beckham 背景.jpg"(如图 13-3 和图 13-4 所示)。

图 13-3　beckham 素材.jpg

图 13-4　beckham 背景.jpg

（2）通过滤镜将人像从"beckham 素材.jpg"的背景中抠出。

① 打开 Photoshop CS3，单击菜单栏中的"文件"按钮，在下拉菜单中单击"打开"按钮，导入"beckham 素材.jpg"。单击菜单栏中的"滤镜"按钮，在下拉菜单中选择"抽出"选项卡，弹出"滤镜"界面，在工具选项中选择画笔大小为 30，用对话框左上方的画笔描绘人物边缘，然后单击界面上方的"油漆桶"填充封闭区域，最后单击"确定"按钮（如图 13-5 所示）。

图 13-5　用滤镜抠出人物边缘

完成这一步骤后，可以看到抠图后的图像（如图 13-6 所示）。单击工作区中的"历史记录"选项，可以看到对图片进行的两次操作，单击"打开"或"抽出"可以分别查看抠图前和抠图后的图像。

图 13-6　使用抽出滤镜抽出的人像

    用滤镜直接抽出人像,边缘的部分难免会有抠漏的部分,可以使用历史画笔工具对其进行修复。这里要用到 Photoshop CS3 对图片打开时的"印象",所以建议在使用抽出滤镜前不要对图片做其他处理(也可在使用抽出滤镜前照"快照"),然后对图片修复的时候让历史画笔去修复这个"印象"。选择工具栏中的"历史记录画笔工具",右键可调整画笔的属性,将抠出的图像放大,用历史画笔填充没有被抠到的部分(颜色不饱满的地方)(如图 13-7 所示)。修复后,颜色饱满了,人像也更接近原图(如图 13-8 和图 13-9 所示)。

图 13-7　黑色不饱满的地方为没有被抽出的部分人像

图 13-8　修复后的图像细节

图 13-9　用历史画笔修复后的图像

② **擦去抽出滤镜抠图后多余的部分**

单击菜单栏中的"图层"按钮,在下拉菜单中选择"新建图层"。单击工作区中的"图层"选项卡,将图层 1 拖至图层 0 下方。单击菜单栏中的"编辑"按钮,在下拉菜单中选择"填充",选择白色为填充颜色并单击"确定"按钮(如图 13-10、图 13-11 所示)。

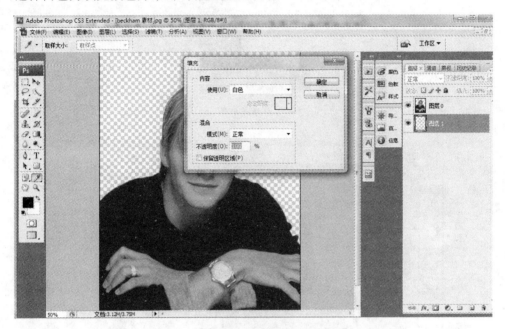

图 13-10　新建图层,并将背景填充为白色

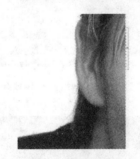

图 13-11　放大填充后的图片,抠出多余的部分

此时图像中显示了隐藏的选择工具栏中的"橡皮擦",擦去抠图时抠出的多余的部分,尤其是靠近人像边缘的细节要仔细处理。值得注意的是,擦除时要选择人像图层,即图层 0。擦除后,图像的边缘更加清晰,多余的部分不见了。至此抠图才完成(如图 13-12、图 13-13 所示)。

(3) 将抠出的图像放到背景图像中。

① 保持抠出的人像不动,打开背景图片"beckham 背景.jpg"。

② 单击人像的图层 0 按住左键将人像拖至背景,按下 Ctrl＋T 组合键调整人像的位置和大小,将人像覆盖于背景之上,制作完成一张新的图片(如图 13-14 所示)。

计算机科学导论(第 2 版)实验指导

图 13-12　擦除后的细节

图 13-13　擦除后的整体效果

图 13-14　完成后的效果图

综合实训

第 5 篇

　　综合实训,顾名思义,是在学习和掌握单个软件基础上的综合性实验,目的在于学习和掌握软件间的综合运用能力,这是在解决实际问题中经常遇到的,也是实际工作技能所必需的。

　　通过前面 Office 2010 的实验,分别学习并掌握了 Word 2010、Excel 2010、PowerPoint 2010、Access 2010 等软件的使用。从中可知,Word 2010 主要侧重于图文混排,尤其以排版和绘图见长,Excel 2010 以电子表格和数据图表化为特色,其表格数据的自动化计算是其他软件无法比拟的,PowerPoint 2010 是制作幻灯片的专用软件,Access 2010 是关系型数据库管理软件。实际上,Office 2010 中的这些软件除了各自上述的功能外,还可互相调用,在充分发挥各自特长的同时,使其功能得到综合应用,特别是在数据方面,能使数据信息互相利用,做到数据的高度共享,从而提高自动化办公效率。例如,各组件之间信息的插入,可以通过链接源文件中创建的对象进行,将链接对象插入到目标文件中,能够维持两个文件之间的连接关系,在更新源文件时,使目标文件中的链接对象同时得到更新。也可以通过嵌入包含在源文件中的信息对象实现信息插入,使嵌入操作后的链接对象成为目标文件的一部分,将嵌入对象所做的更改反映到目标文件中。剪贴板更是 Windows 操作系统提供的、在不同 Windows 应用程序之间实现数据传递的一种捷径,利用剪贴板在组件之间进行信息的复制、粘贴等操作,可在 Office 不同组件中进行各类数据交换。

　　由此可见,熟练而巧妙地运用好 Office 各组件的功能,以达到数据高度的共享,提高各组件的工作效率,是必不可少的计算机操作技能。因此,综合实验是学习综合使用 Office 2010 的重要实验内容。

　　本单元安排了 Office 2010 中的 Word、Excel、PowerPoint 和 Access 各组件间的综合实验,共 2 个实验。

综合实训一

实验要求

(1) 掌握 Word 2010 的常用编辑方法。

(2) 掌握 Word 2010 表格转换为 Excel 2010 表格的方法。

(3) 掌握利用 Excel 2010 由数据生成图表的一般方法。

(4) 掌握 Excel 2010 图表对象嵌入 Word 2010 文件中的方法。

实验内容

将实验素材中文件夹"综合 1"下的文件复制到"D：\综合 1"下,参考样张(如图 14-1 所示)对 Word 2010 文档和 Excel 2010 表格进行编辑排版操作。

实验步骤

(1) 调入 SOURCE. RTF 文件,将页面设置为 A4 纸,上、下、左、右页边距均为 2.5 厘米,每页 45 行,每行 40 个字。

单击"页面布局"选项卡"页面设置"组的右下角按钮,打开"页面设置"对话框,在"页边距"和"文档网格"选项卡中进行设置。

(2) 参照样张,在标题位置插入三个空行。

将光标移至第一行第一个字符的位置,直接按回车键三次,添加三个空行。

(3) 添加艺术字"二月兰",字体设置为"隶书"、40 号字,并采用第二行第五列"艺术字样式 11",艺术字形状为"细上弯弧",环绕方式为"紧密型"。

单击"插入"选项卡"文本"组的"艺术字",在下拉列表中选择第二行第五列"艺术字样式 11";在"编辑艺术字文字"对话框中输入文字"二月兰",字体设置为"隶书"、40 号;单击"确定"按钮完成艺术字的插入;选中该艺术字,打开"艺术字工具格式"选项卡,单击"艺术字样式"组中的"更改形状"按钮▲,选择"细上弯弧"(如图 14-2 所示),单击"排列"组中的"自动换行"按钮██,选择"紧密型环绕"(如图 14-3 所示),按样张放置在适当位置。

(4) 在页眉中间位置插入内容"经典散文",黑体、五号;在页脚中间位置插入页码,样式为"-1-、-2-、-3-"。

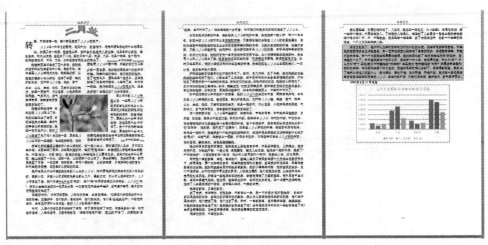

(a) Word 2010文档

(b) Excel 2010工作簿

图 14-1　样张

单击"插入"选项卡"页眉和页脚"组中的"页眉"按钮,选择"编辑页眉",在页眉中输入"经典散文",利用快捷菜单设置字体格式为"黑体"、"小四号";单击"页眉页脚工具设计"选项卡"页眉页脚"组中的"页码",选择"页面底端"中的"普通数字 2",再次单击"页码"选择"设置页码格式",在"页码格式"对话框中的"编号格式"里选择-1-、-2-、-3-。

(5) 将正文中所有的"二月兰"设置为楷体、倾斜、绿色、加着重号。

单击"开始"选项卡"编辑"组中的"替换"按钮,打开"查找和替换"对话框,在"查找内容"和"替换为"文本框中均输入"二月兰",单击"替换为"后的文本框,单击"更多"按钮,在展开的对话框中选择"格式"下拉菜单中的"字体",设置"替换字体",单击"确定"按钮后在"查找字体"对话框里可以设置格式为楷体、倾斜、绿色、加着重号,设置后可在"替换为"文本框下查看到格式（如图 14-4 所示），单击"全部替换"按钮完成。

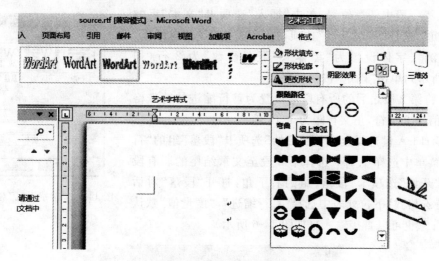

图 14-2　"艺术字形状"选择

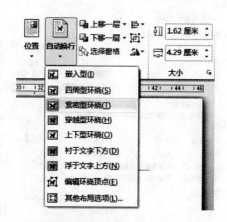

图 14-3　文字环绕方式选择

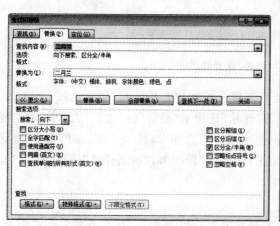
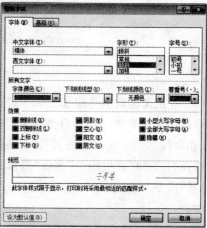

图 14-4　格式"替换"对话框

计算机科学导论(第 2 版)实验指导

(6) 设置第一段首字下沉 2 行,字体为黑体。

单击第一段中任意位置,单击"插入"选项卡"文本"组的"首字下沉",选择"首字下沉"选项,打开"首字下沉"对话框,选择"下沉"、字体设置为"黑体"、"下沉行数"为 2 行(如图 14-5 所示),单击"确定"按钮后完成。

(7) 将第 2 段之后的所有段落设置为首行缩进的特殊格式,度量值为 2 字符,正文行距为 1.15 倍。

按 Ctrl+A 键选择全文,在"开始"选项卡"段落"组的"行距"下拉菜单中选择 1.15;选择第 2 段至文章结尾的所有段落,单击"开始"选项卡"段落"组的右下角,打开"段落"对话框,在"特殊格式"下拉列表中选择"首行缩进","度量值"默认为"2 字符"(也可以直接输入)(如图 14-6 所示)。

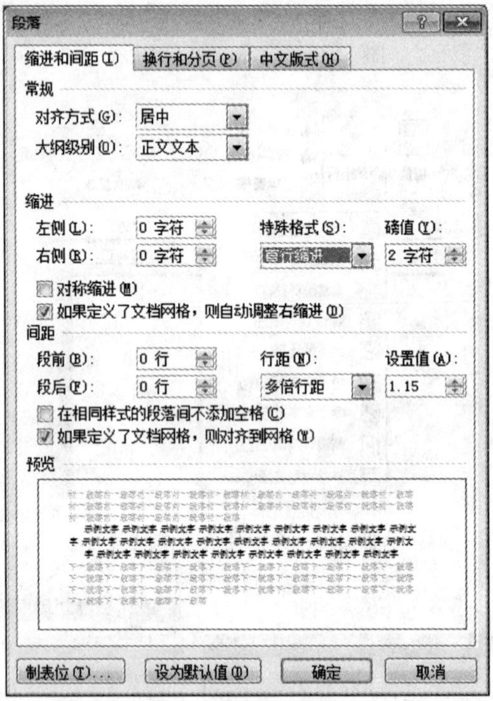

图 14-5 "首字下沉"对话框

图 14-6 "段落"设置对话框

(8) 将正文倒数第 2 段加上 1.5 磅蓝色方框及灰度 20% 的底纹(填充色)。

单击正文倒数第 2 段中任意位置,单击"开始"选项卡"段落"组"边框"的下拉菜单,选择"边框和底纹"。在"边框和底纹"对话框中选择"边框"选项卡,线型不变,颜色选择"蓝色",宽度选择"1.5 磅","应用于"选择"段落";选择"底纹"选项卡,"图案样式"选择 20%,"应用于"选择"段落"(如图 14-7 所示)。

注意:

① 需要将段落前景色和背景色进行分别设置时,将"填充色"设置为背景色,"图案"设置为前景色。

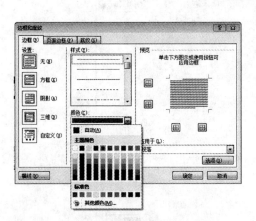

(a) 边框颜色选择

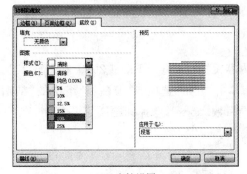

(b) 边框线宽度选择

(c) 边框应用对象的选择

(d) 底纹设置

图 14-7 "边框与底纹"对话框

② 应用于选择"文字"时，表示边框与底纹设置只应用于文字，请自行查看区别。

（9）仿照样张在第 1 页中间插入图片"二月兰.jpg"，并设置其环绕方式为"四周型"，图片大小"缩放"为 70%。

移动光标至第 1 页，选择"插入"选项卡"插图"组的"图片"，在"插入图片"对话框中选择"D：\综合 1"中的"二月兰.jpg"，单击"插入"；右击该图片，选择"大小和位置"，打开"布局"对话框，选择"大小"选项卡，将"缩放"部分设置为 70%；选择"文字环绕"选项卡，设置环绕方式为"四周型"（如图 14-8 所示）。仿照样张将图片放置在适当位置。

（10）将第 3、4、5 段（"我在燕园……"）分成等宽的两栏，加分隔线。

单击"页面布局"选项卡"页面设置"组的"分栏"，选择"更多分栏"进行设置。

（11）根据"二月兰各居群形态指标的变异系数.docx"文件中的数据，制作 Excel 2010 图表，具体要求如下。

① 将文件中的表格复制到 Excel 2010 工作表中（包括表格标题），要求表格自第一行第一列开始存放。

打开"D：\综合 1"中的文件"二月兰各居群形态指标的变异系数.docx"；单击表格中任意位置，单击"表格工具"下"布局"选项卡"表"组的"选择"按钮，在下拉列表中单击"选择表格"，再单击"开始"选项卡"剪贴板"组中的"复制"，复制表格数据，调整列宽，确保每个单元

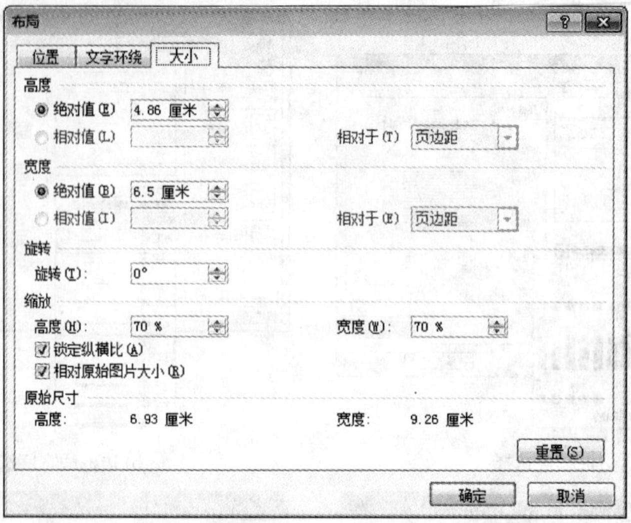

计算机科学导论(第 2 版)实验指导

图 14-8 "布局"对话框

格内容无换行;打开 Excel 2010,在新建工作簿"工作簿 1"的工作表 Sheet1 中,选择单元格 A2,单击"开始"选项卡"剪贴板"组中的"粘贴"按钮;再切换至"二月兰各居群形态指标的变异系数.docx",选择标题文字并复制,在 Sheet1 中,选择 A1,粘贴标题,仿照样张调整第一行行高。

② 将标题合并居中,设置为蓝色、黑体、18 号,并将表中所有数据居中对齐,设置表格列宽 15、行高 20。

选择 A1:E1,单击"开始"选项卡"对齐方式"组的"合并并居中",右击,选择"设置单元格格式",在"单元格格式"对话框的"字体"选项卡中设置字体为"蓝色"、"黑体、18 号字"。

选择 A1:E20,单击"开始"选项卡"对齐方式"组的"居中",设置表格所有单元格文字居中放置。

选择 A~D 列,在右击快捷菜单中选择"列宽",设置为 15;选择 2~20 行,在右击快捷菜单中选择"行高",设置为 20。

③ 在工作表 E2 单元格中输入"平均",利用函数在 E 列相应位置分别计算各地的平均值,并以 4 位小数样式显示。

单击单元格 E2,输入文字"平均";单击 E3,输入公式"=Average(B3:D3)";拖动 E3 右下角的填充柄至单元格 E20,计算各个参数的平均值;选择单元格 B3 至 E20,右击选择"设置单元格格式",打开"设置单元格格式"对话框,选择"数字"选项卡,选择"数值"选项,输入"小数位数"为"4"(如图 14-9 所示)。

④ 由工作表 Sheet1 A3:D6 区域数据生成一张"二维柱形图",嵌入工作表 Sheet1 中,设置其系列产生在列上,图表布局设置为"布局 3",图表标题为"二月兰各居群形态指标的变异系数示意图",标题字体设置为黑体、14 号字、红色,图例放置在下方,"图例项(系列)"分别改为"情侣园"、"中山植物园"和"紫金山"。

a. 选择工作表 Sheet1 中的 A3:D6 区域,单击"插入"选项卡"图表"组中的"柱形图",在下拉列表中选择"二维柱形图"的"簇状柱形图";单击"完成"按钮插入图表[如图 14-10(a)所示]。

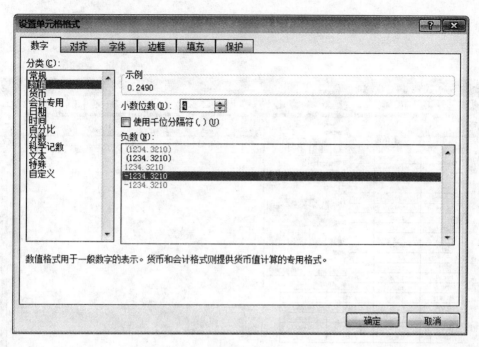

图 14-9 设置"单元格格式"对话框

b. 单击"图表工具设计"选项卡"图表布局"组中的"布局 3"[如图 14-10(b)所示],设置"标题"为"二月兰各居群形态指标的变异系数示意图"[如图 14-10(c)所示],选择标题,单击右键,在快捷菜单中将字体设置为"黑体"、"14 号字"、"红色"。

c. 单击"数据"组中的"选择数据",打开"选择数据源"对话框,选择"图例项(系列)"中的"系列 1"[如图 14-11[a]所示],单击"编辑"按钮,在"编辑数据系列"对话框[如图 14-11[b]所示]中单击"系列名称"右部的折叠对话框按钮 [如图 14-11(c)所示],选择单元格 B2[如图 14-11(d)所示],再次单击"系列名称"折叠对话框按钮[如图 14-11(e)所示],将系列 1 名称改为"情侣园"[如图 14-11(f)所示]。用同样的方法依次将"系列 2"、"系列 3"分别改为"中山植物园"和"紫金山"。

⑤ 仿照样张,将生成的图表以"增强型图元文件"形式选择性粘贴到 Word 2010 文档的末尾。

选择图表区,单击"开始"选项卡"剪贴板"组的"复制" ,复制图表;打开 Word 2010 文档 source.rtf,将光标移至文章末尾,单击"开始"选项卡"剪贴板"组的"粘贴"下拉列表,选择"选择性粘贴",在对话框中选择"图片(增强型图元文件)",单击"确定"按钮完成(如图 14-12 所示)。

⑥ 将工作簿命名为 ex,文件类型为 Microsoft Excel 工作簿(*.XLSX),存放于"D:\综合 1"文件夹中。

在 Excel 2010 中,单击"文件"→"保存",将文件保存为"D:\综合 1\ex.xlsx"。

(12) 将编辑好的 Word 2010 文档,以文件名 DONE、文件类型为 RTF 格式(*.RTF),存放于"D:\综合 1"文件夹中。

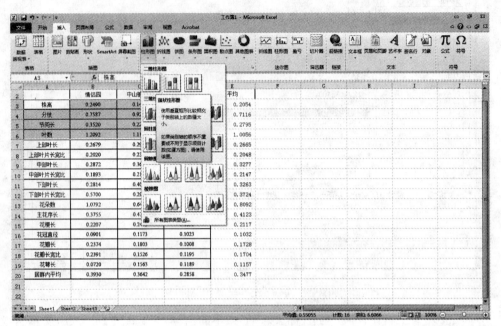

(a) 图表类型的选择

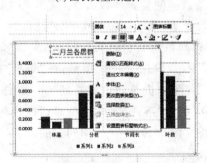

(b) 图表标题的输入

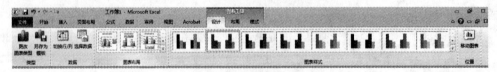

(c) 图例的选择

图 14-10　图表的生成

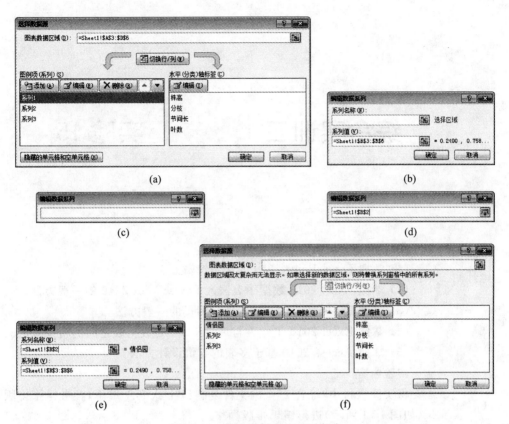

图 14-11　修改图例项的系列名称

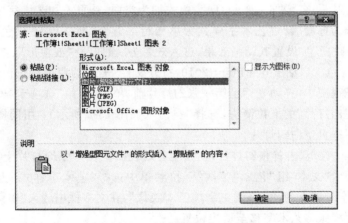

图 14-12　"选择性粘贴"对话框

综合实训二　　　实验 15

实验要求

(1) 掌握 PowerPoint 2010 的常用编辑方法。

(2) 掌握 Excel 2010 数据图表嵌入 PowerPoint 2010 的一般方法。

(3) 掌握 PowerPoint 2010 转换成网页的一般方法。

(4) 掌握 Excel 2010 工作表与 Access 2010 数据表之间的转换方法。

(5) 掌握 Access 2010 基于多表的查询设计方法。

实验内容

将实验素材中"综合 2"下的文件复制到"D：\综合 2"下,参考样张排版效果(如图 15-1 所示)进行编辑排版操作。

实验步骤

(1) 在演示文稿"美丽的瘦西湖.pptx"的第一张幻灯片前和最后一张幻灯片后,各增加一张幻灯片,版式均为空白,首页添加艺术字"美丽的瘦西湖"作为标题(设置艺术字样式为第四行第五个"渐变填充-黑色-强调文字颜色 4-映像"),设置其动画效果,进入效果为"强调"→"波浪形"、伴有"鼓掌"声。

① 启动 PowerPoint 2010,打开文件"美丽的瘦西湖.pptx",在幻灯片浏览视图中,移动光标至第一张幻灯片前,单击"开始"选项卡"幻灯片"组的"新建幻灯片"的下拉箭头,选择"空白"(如图 15-2 所示);用同样的方法添加最后一页空白幻灯片。

② 双击首张幻灯片,切换至普通视图。在首张幻灯片上,单击"插入"选项卡"文本"组"艺术字",在下拉菜单中选择"艺术字样式"为第四行第五个"渐变填充-黑色-强调文字颜色 4-映像",在文本框中输入"美丽的瘦西湖",仿照样张将艺术字移至适当位置。

③ 选择添加的艺术字,单击"动画"选项卡"高级动画"组的"添加动画",选择"强调"→"波浪形"(如图 15-3 所示);单击"高级动画"组的"动画窗格",在显示的动画窗格中,右击"矩形 1"(如图 15-4 所示),选择"效果"选项,进入"效果"对话框,在"增强"中,选择"声音"效果为"鼓掌"(如图 15-5 所示)。

对其他幻灯片自行设计动画效果。

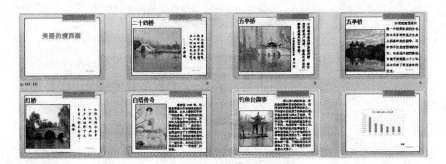

图 15-1　样张

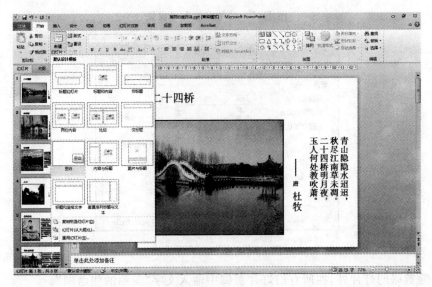

图 15-2　选择幻灯片版式

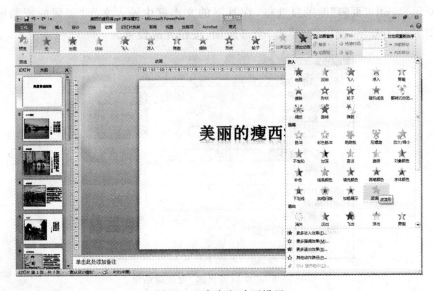

图 15-3　自定义动画设置

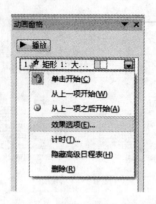

图 15-4　动画中的声音设置

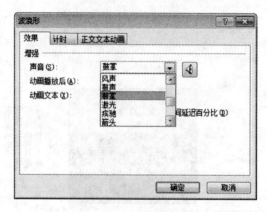

图 15-5　自定义动画设置

(2) 除首张幻灯片外,在所有幻灯片页脚中输入文字"美丽的瘦西湖"。

单击"插入"选项卡"文本"组的"页眉和页脚",打开"页眉和页脚"设置对话框(如图 15-6 所示),选中"页脚"前的复选框,在其下的文本框中输入文字"美丽的瘦西湖",选中"标题幻灯片中不显示"复选框,单击"全部应用"按钮完成设置。

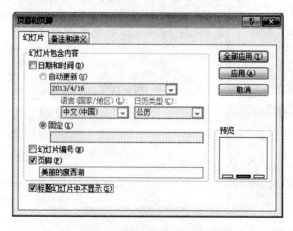

图 15-6　"页眉和页脚"设置对话框

（3）在最后一张幻灯片中，添加文字"返回"，并创建超链接，指向第一张幻灯片。

选中最后一张幻灯片，选择"插入"选项卡"文本"组的"文本框"，选择"横排文本框"，在幻灯片右下角拖动，输入文字"返回"；选择文本框，单击"插入"选项卡"链接"组的"动作"，打开"动作设置"对话框，单击"超链接到"单选框，在下拉列表中选择"第一张幻灯片"（如图 15-7 所示）。

图 15-7　"动作设置"对话框

（4）设置幻灯片主题为"奥斯汀"。

单击"设计"选项卡"主题"组中的"奥斯汀"（如图 15-8 所示）。

图 15-8　幻灯片"主题"的选择

（5）设置所有幻灯片的切换效果为"形状"，换片方式为每隔 10s，并设置放映方式为"循环放映，按 Esc 键中止"。

单击"切换"选项卡"切换到此幻灯片"组的"形状"，在"计时"组中"设置自动换片时间"为 10s（如图 15-9 所示），去掉"单击鼠标时"前的复选框，单击"全部应用"按钮。

图 15-9　"幻灯片切换"选项卡

单击"幻灯片放映"选项卡"设置"组的"设置幻灯片放映"，打开"设置放映方式"对话框，选择"循环放映，按 Esc 键中止"复选框（如图 15-10 所示），单击"确定"按钮。

（6）对"旅游.xlsx"中的数据表进行格式化、计算之后，制作 Excel 2010 图表。

① 添加表标题为"各大城市旅游收入表"，在 A～D 列间居中放置。

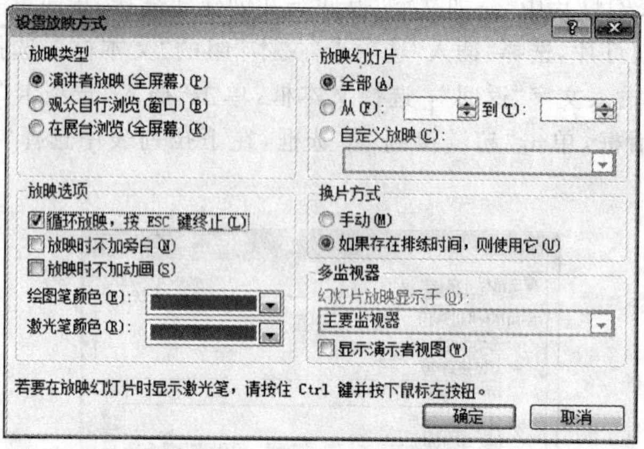

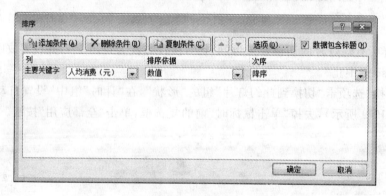

图 15-10 "设置放映方式"对话框

右击 A1,在快捷菜单中选择"插入",进入"插入"对话框,选择"整行";在 A1 中输入"各大城市旅游收入表"后,选择 A1:D1,单击"开始"选项卡"对齐方式"组中的"合并后居中",将标题文字居中排列。

② 在 D2:D41 各单元格中,利用公式分别计算各主要城市的人均消费,结果设置为保留 2 位小数(人均消费=旅游收入/旅游人数)。

单击 D2,输入"=B2/C2",确认后光标选中填充柄,拖动填充柄至 D40。

③ 设置区域 A1:D41 外边框为最粗单线、内边框为最细单线。

选择 A1:D41,单击"开始"选项卡"字体"组的边框按钮,依次单击 中的"所有框线"和"粗匣框线",设置指定区域的框线。

④ 根据人均消费对 A1:D41 数据进行降序排列。

单击 A1,选择"数据"选项卡"排序和筛选"组中的"排序"命令,在"排序"对话框中,"主要关键字"选择"人均消费(元)","次序"改为"降序"(如图 15-11 所示)。

图 15-11 "排序"对话框

⑤ 选择人均消费 400 元以上的数据生成"簇状柱形图",嵌入当前工作表中,图表标题为"各大城市旅游人均消费",不显示图例。

针对排序后的数据从头依次选择"人均收入>=400"的 6 个记录,单击"插入"选项卡"图表"组中的"柱形图",选择"簇状柱形图"。

选择"图表工具"→"设计"选项卡"数据"组中的"选择数据源"，在"选择数据源"对话框中单击"图例项"下的"编辑"选择 D2 或输入"人均消费（元）"，在"水平（分类）轴标签"下单击"编辑"选择 A3：A8（如图 15-12 所示）。

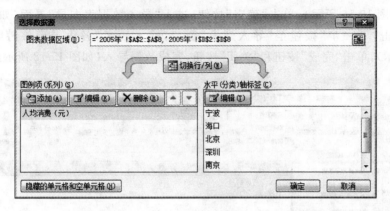

图 15-12　"选择数据源"对话框

选择"图表工具"→"布局"选项卡"标签"组中的"图表标题"，选择"图表上方"（如图 15-13 所示），输入标题"各大城市旅游人均消费"，在"图例"中选择"无"，关闭图例。

图 15-13　设置图表参数

⑥ 参考样张，将生成的图表以"位图"形式选择性粘贴到演示文稿的最后一页。

选择 Excel 2010 中的图表，复制后，右击演示文稿中的最后一张幻灯片，选择按钮 粘贴。

（7）保存编辑好的文件。

在 Excel 2010 文件中将"旅游.xlsx"另存为 ex.xlsx，"美丽的瘦西湖.pptx"另存为 done.pptx。

计算机科学导论（第 2 版）实验指导

（8）将"旅游.xlsx"导入 Access 2010 并创建查询。

单击"新建"选项卡,选择"空数据库",文件名为"旅游";单击"外部数据"选项卡"导入并链接"组的 Excel(如图 15-14 所示),在"选择数据源和目标"对话框中通过"浏览"打开"旅游.xlsx"(如图 15-15 所示),单击"确定"按钮,进入"导入数据表向导"界面(如图 15-16 所示),依次单击"下一步"按钮至"导入到表"窗口,输入表名"各大城市旅游收入表"(如图 15-17 所示),单击"完成"按钮和"关闭"按钮,完成数据导入(如图 15-18 所示)。

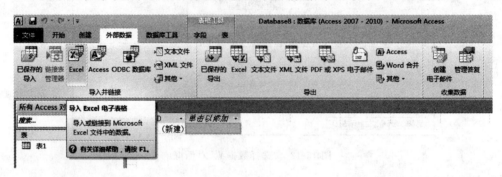

图 15-14 "外部数据"选项卡

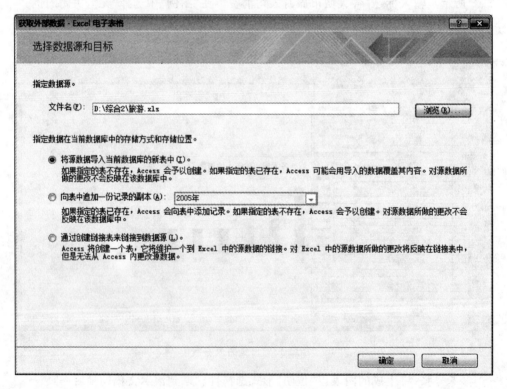

图 15-15 导入 Excel 电子表格

① 创建一个选择查询,查询"人均消费大于 400"的城市,要求输出主要城市、旅游收入、旅游人数及人均消费。

单击"创建"选项卡"查询"组的"查询设计"(如图 15-19 所示),进入"查询设计"窗口(如图 15-20 所示)。添加"各大城市旅游收入表","字段"依次选择"主要城市"、"旅游收入"、

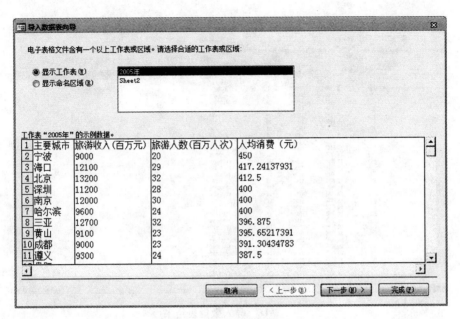

图 15-16 "导入数据表向导"

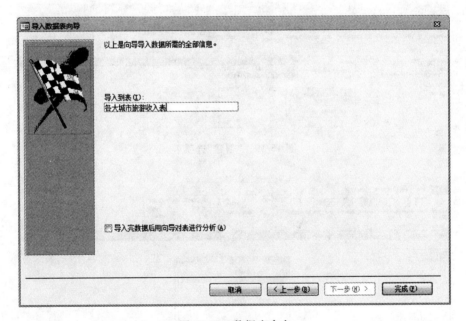

图 15-17 数据表命名

"旅游人数"和"人均消费","人均消费"下的"条件"输入">＝400"(如图 15-21 所示)。

单击"查询工具设计"选项卡"结果"组的"运行",可以看到查询结果(如图 15-22 所示)。单击"快速工具栏"上的"保存"按钮,将查询以"人均消费 400 以上城市"为名进行保存。

② 利用 SQL 创建查询,要求统计旅游收入超过 10000(百万元)的城市个数。

单击"创建"选项卡"查询"组的"查询设计",进入"查询设计"窗口。添加"各大城市旅游收入表",右击查询设计窗口,选择"SQL 视图"(如图 15-23 所示)。

在 SQL 编辑界面中输入如下代码。

计算机科学导论(第 2 版)实验指导

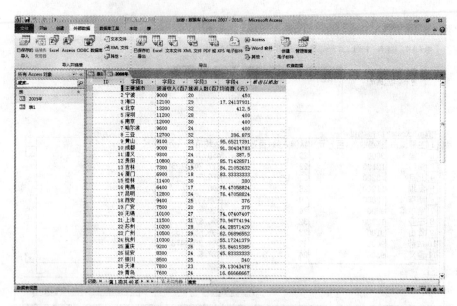

图 15-18　导入数据表结果

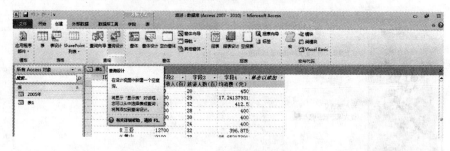

图 15-19　"创建"选项卡

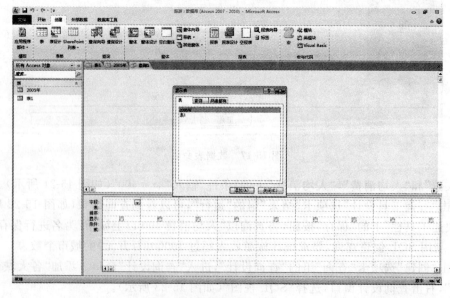

图 15-20　"查询设计"窗口

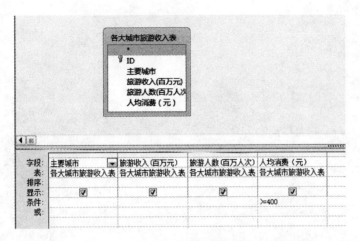

图 15-21   利用"查询设计器"创建查询

图 15-22   查询结果

SELECT Count(主要城市) AS 收入超 10000(百万元)的城市数
    FROM 各大城市旅游收入表 WHERE [旅游收入(百万元)]>10000;

单击"查询工具设计"选项卡"结果"组的"运行",可以看到查询结果(如图 15-24 所示)。
单击"快速工具栏"上的"保存"按钮,将查询以"旅游收入超过 10 000 百万元的城市数"为名
进行保存。

图 15-23   选择"SQL 视图"   图 15-24   查询结果

附　　录

实验报告(1)　操作系统 Windows 7

班级		姓名		学号	

实验目的

掌握 Windows 7 的窗口组成及其基本操作,资源管理器的启动方法、窗口组成,文件及文件夹的浏览方式及其管理方法,掌握快捷方式的操作及"回收站"的使用。

实验任务

(1) 通过资源管理器进行文件夹、文件的操作。

① 在 D 盘上建立一个名为 MYDOC 的文件夹。

② 打开 MYDOC 文件夹,在 MYDOC 中创建一个名为 MYSUB 的子文件夹。

③ 选择 MYDOC 文件夹,在其中新建一个名为 MYFILE. TXT 的文本文件,在 MYFILE. TXT 文件中分行添加作者的学号、姓名、专业后保存。

④ 将 MYFILE. TXT 文件移动至 MYSUB 子文件夹中。

⑤ 将 MYFILE. TXT 文件更名为 FILE. TXT。

⑥ 查看 FILE. TXT 的文件属性,并修改为只读。

⑦ 将 C 盘 WINDOWS 文件夹中最小的 4 个文件复制到 MYSUB 文件夹中。

(2) 双击"D:\MYDOC\MYSUB\FILE. TXT"文件图标,观察效果。

(3) 进行回收站的使用操作。

① 将 MYSUB 中的 FILE. TXT 文件删除。

② 观察桌面回收站图标的变化。

③ 恢复回收站中经操作①被删除的文件。

④ 删除 MYSUB 文件夹,并清空回收站。

(4) 查找附件中的"画图"程序,创建该文件的桌面快捷方式。

(5) 查看磁盘 C 盘的属性。

实验完成情况(包括出现的问题和解决方法)

思考题

(1) 资源管理器的功能有哪些?

(2) 有几种方法可以退出 Windows 7 操作系统?

(3) 同时打开多个窗口,如何实现窗口的不同组织方式,以及窗口间的切换?

实验报告(2)　工具软件

班级		姓名		学号	

实验目的

　　掌握 Internet 网络上的免费邮箱的申请方法;掌握 Internet 上的资源搜索方法;掌握网络下载工具的使用方法;掌握利用 WinRAR 压缩和解压缩的方法;掌握使用 360 安全卫士保护计算机的方法。

实验任务

(1)申请个人的网易信箱。

(2)利用百度搜索所在大学的相关介绍并将搜索网页保存为"我的学校"。

(3)利用中国知网搜索所在专业的相关文章并将搜索网页保存为"我的专业"。

(4)利用 WinRAR 将保存的网页压缩为"我的学校.rar"及"我的专业.rar"。

(5)将压缩文件以附件形式发送到所申请的邮箱中。

(6)利用 360 保障当前机器的安全性,包括使用电脑体检、木马查杀、电脑清理等功能。

实验完成情况(包括出现的问题和解决方法)

思考题

(1) IE 地址栏中能否直接输入 IP 地址?

(2) 如何保存页面并打开保存在本地磁盘上的页面?

(3) 如何回复、转发电子邮件? 如何对多人发送电子邮件?

(4) 如何设置压缩文件的文件名?

(5) 如何利用 360 对优盘进行安全检查?

实验报告（3） Word 2010 文字处理

班级		姓名		学号	

实验目的

掌握 Word 2010 基本的文字编辑方法、页面设置方法、文档段落的排版及表格处理方法。

实验任务

（1）根据要求完成有关计算机系统简介的文章。

① 标题为"计算机"，标题格式设置如下。

➢ 居中并加下划线。

➢ 给标题所在段落加蓝色 3 磅单线边框，设置底纹为 10％，前景色自动、背景色为青色，字符缩放 200％。

➢ 设置字体为黑色，字型为粗体，大小为一号，颜色为红色。

➢ 将标题的段前、段后间距分别设置为 12 磅和 18 磅。

② 正文至少三段、包括计算机的定义、计算机的组成、计算机的发展。要求文中利用表格描述计算机的发展历程，并利用剪贴画使页面生动。正文格式设置如下。

➢ 文字为仿宋，小四号，行间距为 1.5 倍行距。

➢ 正文第一段首字下沉 3 行，首字字体为宋体；字型为斜体，其余各段设置成首行缩进 2 个字符。

➢ 选择任意一段进行分栏设置。

➢ 在页面中添加艺术字"计算机"到适当位置。

（2）插入页眉为就读学校校名，页眉字号为小五号，字体为楷体，加粗，居中；插入页脚，形如"第 X 页"，设置居中。

（3）以学号为文件名，保存在"D:\Word"目录下。

实验完成情况（包括出现的问题和解决方法）

思考题

(1) Word 2010 文件排版的顺序应该怎样安排?

(2) 如何设置特殊的字号,如"200 磅"?

(3) 如何设置奇偶页不同的页眉页脚?

(4) 如何设置页码的起始页为 10?

(5) 如何输入 $x^2 + y^2$?

(6) 如何取消文档所有格式设置?

实验报告（4） Excel 2010 电子表格

班级		姓名		学号	

实验目的

掌握不同类型数据的输入、公式和基本函数的使用，掌握表格的格式化和根据数据建立图表的基本操作。

实验任务

（1）新建一个工作簿，在 Sheet1 的 A1 到 E6 输入下表。

季度	副食品	日用品	电器	服装
1 季度	45637	56722	44753	34567
2 季度	23456	34235	45355	89657
3 季度	34561	34534	56456	55678
4 季度	11234	87566	78755	96546
合 计				

（2）在第一行前插入一个空行，输入表格标题"苏果超市校园店 2012 年销售统计（单位：元）"，在"服装"列右侧添加两个空列，在 F1 中输入"季度小计"，在 G1 中输入"所占比例"。利用合并功能将标题文字居中排列在 A1 到 G1 之间。

（3）设置标题文字格式为 20 号隶书，其他各单元格的文字格式为 12 号楷体，并在各自单元格里居中。

（4）计算"合计"和"季度小计"项及"所占比例"列的内容（所占比例＝各季度销售额/总销售额），将工作表命名为"销售统计"表。

（5）取"销售统计表"的"季度小计"列和"所占比例"列的单元格内容（不包括"总计"单元格），建立"分离型圆环图"，数据标志为"显示百分比"，标题为"各季度销售额"，并将生成的图插入到表的 A9:C19 单元格区域内。

实验完成情况（包括出现的问题和解决方法）

思考题

(1) Excel 2010 所编辑的数据图表插入 Word 后能否随 Excel 数据的变化而变化?

(2) 默认工作簿包含的工作表张数是否可以修改?

(3) 绝对地址和相对地址的区别及其使用意义。

(4) 工作表格式设置过程中出现 ######是什么原因,如何解决?

实验报告(5)　**PowerPoint 2010 演示文稿**

班级		姓名		学号	

实验目的

掌握 PowerPoint 2010 的基本使用方法;掌握幻灯片版式、模板的选择和设置;掌握字体和段落设置;掌握在幻灯片中设置对象链接的方法;掌握制作具有多种动画效果的幻灯片的方法。

实验任务

创建个人简历演示文稿,包括简历封面、内容索引、家庭背景、成长经历、兴趣与特长、所获奖励及结束语 7 个部分,可自行扩展。

基本要求如下。

(1) 自行设计或选择幻灯片主题,图片素材自定。

(2) 将幻灯片首页标题进行艺术字处理,并设置"自左侧飞入"动画效果。

(3) 在进行"内容索引"编辑时,将索引条目与对应内容进行超链接设置,同时自定义对象进入时设置"玩具风车"动画效果。

(4) 在进行"家庭背景"编辑时,对文字内容进行"强调"→"彩色延伸"动画设置。

(5) 在进行"成长经历"编辑时,内容以表格形式体现,同时插入贴合主体的剪贴画或自绘图。

(6) 利用"形状"中的"星与旗帜",编辑"个人成果"幻灯片,并自定义对象设置不同的动画效果。

(7) 设置"结束语"页面对象的自定义动作路径。

(8) 设置幻灯片背景音乐(自定义),并要求音乐自首页至尾页连续播放。

文件保存为放映文件"个人简历.pptx"。

实验完成情况(包括出现的问题和解决方法)

思考题

(1) 如何快速在所有幻灯片中添加统一的图形?

(2) 如何将图片设置为幻灯片背景?

(3) 幻灯片的版式、背景、母版有何不同? 配色方案有何用处?

(4) 如何在演示文稿中插入页眉和页脚?

(5) 演示文稿如何自动放映并添加解说?

实验报告（6）　Access 2010 数据库

班级		姓名		学号	

实验目的

掌握数据库及数据表的建立方法；掌握数据表记录的编辑；掌握查询的基本方法。

实验任务

（1）在实验 11 所建数据库中，添加一个"教师"表，字段如下表所示，在"课程"表中添加一个"教师号"字段，并建立两个表之间的关系。

字段名称	数据类型	字段长度
教师号（主键）	数字	长整型
教师姓名	文本	10
联系电话	数字	长整型

（2）向"教师"表中添加适量数据，将"课程"表的字段做相应修改。

（3）创建以下查询（查询的名称为引号内的部分）。

① "女学生基本情况"，查询结果包括学号、姓名、专业等信息。

② 1994 年以前（不包括 1994 年出生的）出生的"特殊学生基本情况"，查询结果包括学号、姓名、性别、出生日期。

③ 创建查询"软件工程专业学生人数"，要求输出专业并计算总人数。

④ 创建"优秀学生成绩查询"，要求包括学生的姓名、课程名和成绩字段。

⑤ 利用 SQL 语句创建"SQL 成绩查询"，要求包括学生的姓名、课程名和成绩字段。

⑥ 查询"教师授课表"，要求包含教师的姓名、课程名和联系电话。

实验完成情况（包括出现的问题和解决方法）

思考题

(1) Access 2010 的主要功能有哪些？

(2) Word、Excel、Access 中的数据处理功能各有什么特点？

(3) 总结 Access 2010 中共有几种创建数据库的方法，都是如何操作的？

(4) 查询有哪几种视图？它们各有什么作用？

(5) 什么是 SQL 查询？SQL 特定查询的种类有哪些？

实验报告(7)　综合实训一

班级		姓名		学号	

实验目的

掌握 Word 2010 和 Excel 2010 的基本操作,包括页面设置、艺术字编辑、图像版式设置、分栏操作。掌握数据及对象在 Word 2010 和 Excel 2010 之间进行转换的一般方法。

实验任务

调入文件夹中的 test.rtf 文件,参考样张按下列要求进行操作。

(1) 将页面设置为 A4 纸,上、下、左、右页边距均为 2 厘米,每页 43 行,每行 40 个字符。

(2) 给文章加标题"中美房价对比",设置标题文字为隶书、一号字、水平居中,设置标题段为浅绿色底纹、段前段后间距均为 0.5 行。

(3) 参考样张,为正文中的第一段设置首字下沉 3 行,楷体,其他段落设置首行缩进 2 字符。

(4) 将正文中所有的"房价"设置为红色、加粗、黑体。

(5) 参考样张在正文适当位置以四周型环绕方式插入图片"别墅.jpg",并设置图片高度、宽度大小缩放 80%。

(6) 设置页眉为"中美房价对比",居中放置,字体为小五号楷体,页脚为页码,居中放置。

(7) 将正文最后一段分为等宽的两栏,栏间不加分隔线。

(8) 根据文件"中美历年 GDP 对比一览表. rtf"中的数据,制作如样张所示的 Excel 图表,具体要求如下。

① 新建 Excel 工作簿,将"中美历年 GDP 对比一览表. rtf"中的表格数据(不包括标题行)放置在 Sheet1 工作表中,要求数据自 A2 单元格开始存放。

② 在 Sheet1 工作表的 A1 单元格中输入标题"中美历年 GDP 对比一览表",设置其字体格式为楷体、20 号、红色,在 A1~J1 范围跨列居中。

③ 在 Sheet1 工作表的 G2 中输入"平均",在 G3、G4 单元格中,利用公式分别计算 2003—2011 年中美 GDP 的平均值,结果保留 2 位小数。

④ 参考样张,表格采用细线设置内外边框,除标题外格式设置为方正姚体、12 号、单元格内居中。

⑤ 根据 Sheet1 工作表中的相关数据,生成一张反映 2003 年到 2011 年中美 GDP 对比的"簇状柱形图",嵌入到当前工作表中,要求分类(X)轴标志为年份数据,图表标题为"中美历年 GDP 对比一览表",图例显示在底部。

⑥ 将生成的图表以"位图"形式粘贴到 Word 2010 文档的末尾。

⑦ 将工作簿以文件名 EX、文件类型为 Microsoft Excel 工作簿(∗. xlsx),存放于文件夹中。

(9) 将编辑好的文章以文件名 DONE、文件类型为 RTF 格式(∗. rtf),存放于文件夹中。

实验完成情况(包括出现的问题和解决方法)

思考题

(1) Excel 2010 的数据来源有哪几种?

(2) Word 2010 中 Excel 2010 数据以对象插入和以表格形式插入有什么区别?

实验报告(8) 综合实训二

班级		姓名		学号	

实验目的

掌握 PowerPoint 2010、Excel 2010 和 Access 2010 的基本操作,及其之间对象的转换方法,包括演示文稿的编辑、图表的生成、数据库查询等。

实验任务

(1) 完善演示文稿文件。

① 打开演示文稿"世界七大奇迹.pptx",所有幻灯片可自选幻灯片应用主题,并将文件保存在"D:\综合 2"中。

② 添加一张幻灯片为第 1 张,设置为"标题幻灯片"版式,在标题区输入"世界七大奇迹",删除副标题。

③ 第 2 张幻灯片设置为"项目清单"版式,在标题区输入"目录"。

④ 其他幻灯片都采用"文本与剪贴画"版式,每张幻灯片的文字内容可自行删减,相应的图片素材在"D:\综合 2"中。

(2) 利用母版统一设置演示文稿中的幻灯片的格式,要求如下。

① 设置幻灯片的页脚文字为"世界七大奇迹",每张幻灯片显示页码编号。

② 统一设置所有幻灯片标题格式为隶书,48 磅,红色。

(3) 按如下要求完成链接操作。

① 在目录幻灯片上设置超链接,链接到正文相应的位置。

② 在相应的幻灯片上加一个"返回"的动作按钮,返回到目录幻灯片。

(4) 按如下要求完成动画设置操作。

① 设置第 3 张幻灯片的动画效果,标题从上部"飞入",文本从左侧"飞入"。

② 设置所有幻灯片切换动画,效果为"水平百叶窗"。

③ 自行设计其他幻灯片的动画效果。

(5) 打开"广东省出境游人数.docx",将 Word 2010 中的表格数据转换为 Excel 2010 数据,并进行以下操作。

① 将 Sheet1 工作表重命名为"出境游",在标题下增加一行,A2～C2 分别输入"地区"、"人数"和"比例",最后一行增加"合计",设置标题格式为合并及在 A～C 列之间居中、20 号字、隶书、红色。

② 使用函数与公式分别求出"合计"及各地区所占比例。

③ 设置"比例"大于 1% 的地区为"浅红填充色深红色文本"。

④ 除标题外的数据区域设置蓝色粗实线外框、红色细实线内框,对第二行字段名称设置浅灰色底纹,然后再把所有单元格的数据全部在水平和垂直方向上都采用"居中"对齐。

⑤ 在"出境游"中依据"比例"数据,插入分离型饼图,图标题为"广东省出境游一览",将新建的饼图以"位图"形式粘贴在"世界七大奇迹.pptx"的最后一张幻灯片内。

计算机科学导论(第2版)实验指导

⑥ 保存 Excel 文件,文件名为"广东省出境游.xlsx"。

(6) 将"广东省出境游.xlsx"中的数据转换为 Access 2010 数据库中的数据,创建"出境游人数过万的地区"的查询,Access 2010 数据库文件保存为"广东省出境游.accmdb"。

实验完成情况(包括出现的问题和解决方法)

思考题

(1) Access 2010 中数据的查询和 Excel 2010 中数据的筛选有何不同?

(2) Excel 2010 图表以对象形式和以位图形式插入 PowerPoint 2010 有何本质区别?